KB210638

New York

이창민 교수는 대표적인 도시 개발 및 도시 재생 연구자로, 한국부동산개발협회 최고경영자과정(ARP)과 차세대 디벨로퍼과정(ARPY)의 주임교수로 활동 중입니다. 30년 넘게 뉴욕, 런던, 파리 등 270여 개 도시의 개발 및 재생 사례를 면밀히 조사하며 도시 경제와 부동산 분야를 연구하고 있으며, 『스토리텔링을 통한 공간의 가치』(2020, 세종도서 교양부문 선정), 『도시의 얼굴』, 『사유하는 스위스』, 『해외인턴 어디까지 알고 있니』 등을 썼습니다. 또한 사단법인 공공협력원 재단의 원장으로서 지속가능한 지역 개발, 글로벌 인재 양성, 나눔 실천, 문화예술 발전에 기여하는 동시에 도시경제학 박사로서 유럽 도시문화공유연구소의 소장직을 맡아 세계 도시들의 문화 경제적 가치를 심도 있게 연구하고 있습니다.

hh902087@gmail.com https//travelhunter.co.kr @chang.min.lee

도시의 얼굴 – 뉴욕

개정판 1쇄 발행 2024년 11월 15일

지은이 이창민
펴낸이 조정훈
펴낸곳 (주)위에스앤에스(We SNS Corp.)

진행 박지영, 백나혜
편집 상현숙
디자인 및 제작 아르떼203(안광욱, 강희구, 곽수진) (02) 323-4893

등록 제 2019-00227호(2019년 10월 18일)
주소 서울특별시 서초구 강남대로 373 위워크 강남점 11-111호
전화 (02) 777-1778
팩스 (02) 777-0131
이메일 ipcoll2014@daum.net

ISBN 979-11-978576-1-4
세트 979-11-978576-9-0

- 이미지 설명에 * 표시된 것은 위키피디아의 자료입니다.
- 소장자 및 저작권자를 확인하지 못한 이미지는 추후 정보를 확인하는 대로 적법한 절차를 밟겠습니다.
- 이 책에 대한 의견이나 잘못된 내용에 대한 수정 정보는 아래 이메일로 알려주십시오.
  E-mail: h902087@hanmail.net

도시의 얼굴

뉴욕

이창민 지음

(주)위에스앤에스
We SNS Corp.

《도시의 얼굴-뉴욕》을 펴내며

오늘날 해외 여행이나 출장은 인근 지역으로 떠나는 일과 다름없는 일상적인 경험이 되었습니다. 인공지능(AI), 크라우드, 빅데이터, 사물인터넷(IoT)과 같은 정보통신 기술의 급격한 발전 덕분에 우리는 온라인과 오프라인에서 세계 어느 도시든 손쉽게 만날 수 있는 시대를 살아가고 있습니다. 이러한 기술의 발달은 도시와 도시민을 바라보는 우리의 관점을 크게 변화시키고 있으며, 도시의 역사, 문화, 경제적 배경을 더 깊이 이해하고자 하는 욕구를 더욱 자극하고 있습니다.

《도시의 얼굴-뉴욕》은 이러한 시대적 흐름에 맞추어, 필자가 경험했고 기억하는 뉴욕이라는 도시를 다각도로 조명하고 그 속에 숨겨진 이야기를 독자들에게 전달하고자 합니다. 필자는 지난 30여 년 동안 70여 개국 이상의 국가를 방문하며 270여 개의 도시를 경험해 왔으며, 그 과정에서 각 도시가 지닌 고유한 얼굴과 정체성을 깨닫게 되었습니다. 도시는 그곳의 역사, 문화, 경제, 그리고 종교적 배경에 따라 독특한 정체성을 형성하며, 이러한 다양성은 도시의 본질을 이루는 중요한 요소가 됩니다.

뉴욕은 그러한 도시의 다양성과 독창성을 대표하는 상징적인 도시입니다. '잠들지 않는 도시'라는 별명이 말해 주듯이, 뉴욕은 24시간 끊임없이 변화하고 발전하는 도시입니다. 세계적인 금융, 상업, 문화예술, 그리고 패션의 중심지로서 뉴욕은 전 세계의 창의적 인재와 산업의 중심이 되어 왔습니다. 맨해튼의 그리드 시스템으로 잘 알려진 이 도시는, 1626년 네덜란드가 맨해튼섬을 매입하고 '뉴암스테르담'이라 명명한 이후, 1664년 영국의 점령을 통해 '뉴욕'이라는 이름을 얻게 되었습니다.

뉴욕은 그 발전 과정에서 수많은 도전에 직면했습니다. 19세기 이민자 유입

으로 급속한 성장을 이뤄 냈고, 20세기에는 세계 최고의 도시이자 미국 경제의 수도로 자리 잡았습니다. 그러나 2001년 9.11 테러는 뉴욕에 깊은 상처를 남겼고, 이 사건은 전 세계가 뉴욕을 다시 보게 만드는 계기가 되었습니다. 이후 뉴욕은 빠르게 회복하며 21세기에는 기존의 금융(FIRE) 중심에서 기술, 방송, 예술(TAMI) 중심의 창조 산업 도시로 변모해 가고 있습니다.

뉴욕은 단순한 도시가 아닙니다. 뉴욕은 과거와 현재, 그리고 미래가 공존하는 살아 있는 문명입니다. 이 도시는 다양한 시대를 거치며, 그 속에 수많은 인류의 이야기를 품어 왔습니다. 뉴욕의 고층 건물들, 거리, 공원, 그리고 그 속에 사는 사람들은 모두 이 거대한 도시의 일부이며, 이들이 만들어 낸 이야기는 그 자체로 하나의 문명입니다.

우리는 이러한 도시의 이야기를 통해 몇 가지 중요한 질문을 던질 필요가 있습니다. 우리는 어떤 도시에 살아야 하는가? 후손들에게 어떤 도시를 물려줄 것인가? 행복하고 아름답고 경쟁력 있는 도시는 누가 만드는가? 현대 사회에서 우리는 도시의 역할과 그 미래에 대해 깊이 생각해 보아야 할 시점에 와 있습니다. 도시화, 기술 발전, 인구 변화, 그리고 세계화는 우리가 살아가는 도시의 모습을 빠르게 변화시키고 있으며, 이러한 변화 속에서 도시가 어떻게 지속가능하게 발전할 수 있을지 고민해야 합니다.

도시는 단순히 사람들이 모여 사는 장소를 넘어, 미래의 가치를 실현하는 중요한 공간입니다. 지속가능한 지역사회로서, 도시는 모든 사람들이 협력하여 평등한 기회를 누리고 훌륭한 서비스를 제공받을 수 있는 곳이어야 합니다. 최근 전 세계의 주요 도시들은 경쟁력을 확보하기 위해 창의적인 아이디어를 반영한 혁신적 도시 개념을 도입하고 있으며, 우수한 인재를 유치하기 위한 다양한 인프라를 강화하고 있습니다. 특히 과학적 혁신을 기반으로 한 도시 발전은 재능 있는 인재들이 체류하고 근무할 수 있는 환경을 제공하는 데 중점을 두고 있습니다.

뉴욕과 같은 메트로폴리스는 항상 인류 발전의 원동력이 되어 왔습니다. 옥스퍼드의 석학 이언 골딘과 이코노미스트 톰 리-데블린은 《번영하는 도시, 몰락하는 도시》에서 "인류 문명의 발상지부터 현대에 이르기까지 도시가 인큐베이터 역할을 해 왔다"고 설명합니다. 그러나 21세기에 들어서면서 도시는 새로운 도전에 직면하고 있습니다. 불평등의 심화, 도시의 양극화, 그리고 기후 변화와 같은 문제들이 도시의 번영을 위협하고 있습니다. 세계화와 기술 진보는 세상을 더 평평하게 만들 것이라는 희망을 품게 했지만, 실제로는 그렇지 않았습니다. 오히려 세상은 점점 더 뾰족해지고 있습니다. 법률, 금융, 컨설팅과 같은 고임금 직종의 일자리는 소수의 도시에 집중되었고, 이로 인해 일반 서민들은 점점 도심에서 밀려나고 있습니다. 뉴욕과 같은 도시에서 이러한 경향은 더욱 뚜렷하게 나타나고 있습니다. 과거에는 천연자원이 풍부한 지역에 산업이 밀집되었지만 이제는 지식 기반 산업이 주도하는 도시로 사람들과 기업들이 몰려들고 있습니다.

팬데믹 이후, 원격 근무의 확산은 도시의 상업 지역에 큰 충격을 주었고, 이는 도시의 경제와 사회적 구조에 깊은 영향을 미치고 있습니다. 이러한 변화 속에서 뉴욕과 같은 대도시는 새로운 방향성을 모색해야 합니다. 유연한 근무 환경과 창의적 상호작용의 조화를 이루기 위해 도시의 역할은 더욱 중요해졌으며, 지속 가능한 발전을 위해서는 더 저렴한 주택과 효율적인 대중교통, 그리고 환경 친화적인 도시 개발이 필요합니다.

뉴욕의 도시계획에서 어쩌면 각각 상반된 접근법으로 도시의 발전에 기여했던 두 사람이 있습니다. 도시 인프라와 교통의 효율성을 중시하며 대규모 개발과 재개발을 통해 물리적 공간의 현대화를 이루어낸 로버트 모세스(Robert Moses)와, 지역사회의 필요와 주민들의 일상적인 활동을 중심으로 한 도시계획을 강조하여, 지역 주민들의 생활의 질 향상과 사회적 상호작용을 중시했던 제인 제이콥스(Jane Jacobs)입니다. 그들 각자가 지닌 장점들을 균형 있게 통합하여 도시의 효율성과 사람 중심의 도시계획에 중심을 둔 뉴욕의 도시 변천을 살펴볼 필요가 있습니다.

뉴욕은 변화의 중심에 서 있습니다. 배터리 파크 시티와 허드슨 야드 프로젝트는 도시가 어떻게 변화하고 있는지를 보여 주는 중요한 예시입니다. 《도시의 얼굴 - 뉴욕》은 이러한 변화 속에서 뉴욕의 주요 랜드마크와 명소들뿐만 아니라, 그 이면에 숨겨진 이야기를 탐구합니다. 원 월드 트레이드 센터, 센트럴 파크, 타임스 스퀘어와 같은 랜드마크들은 단순한 건축물이 아니라, 뉴욕의 역사와 현재, 그리고 미래를 잇는 중요한 연결 고리입니다. 이 책은 이러한 장소들이 어떻게 뉴욕의 정체성을 형성했는지, 그리고 앞으로 어떤 역할을 할 것인지를 조명합니다.

이 책이 단순히 뉴욕을 소개하는 데 그치지 않고, 도시가 어떻게 발전하고 변화하며, 또 어떤 도전에 직면하고 있는지 이해하는 데 도움이 되기를 바랍니다. 책에 담긴 내용을 보다 현실감 있게 다루기 위해 현지 도시에 직접 여러 차례 방문하고, 그곳에서 체험하며 책을 집필했습니다. 도시를 사랑하고, 여행을 즐기며, 도시의 역사와 문화를 공부하는 모든 이들에게 이 책이 작은 영감이 되기를 기대합니다.

마지막으로, 이 책이 세상에 나올 수 있도록 아낌없는 격려와 지원을 보내주신 한국 부동산개발협회 창조도시부동산융합 최고경영자과정(ARP)과 차세대 디벨로퍼 과정(ARPY) 가족 여러분, 그리고 김원진 변호사님, 정호경 대표님 등 사회 공헌 가치에 공감하고 동참해 주시는 공공협력원 가족 여러분, 1년여 동안 책의 출판을 위해 도와주셨던 아르떼203 여러분, 그리고 저를 아껴 주시는 모든 분들께 감사의 말씀을 전합니다.

뉴욕이라는 도시의 특별한 얼굴을 발견하고 그 안에 담긴 이야기를 깊이 있게 이해하는 여정이 되기를 바랍니다.

2024년 11월 이 창 민

목차

New York

미국(United States)

전체 지도 및 주요 도시

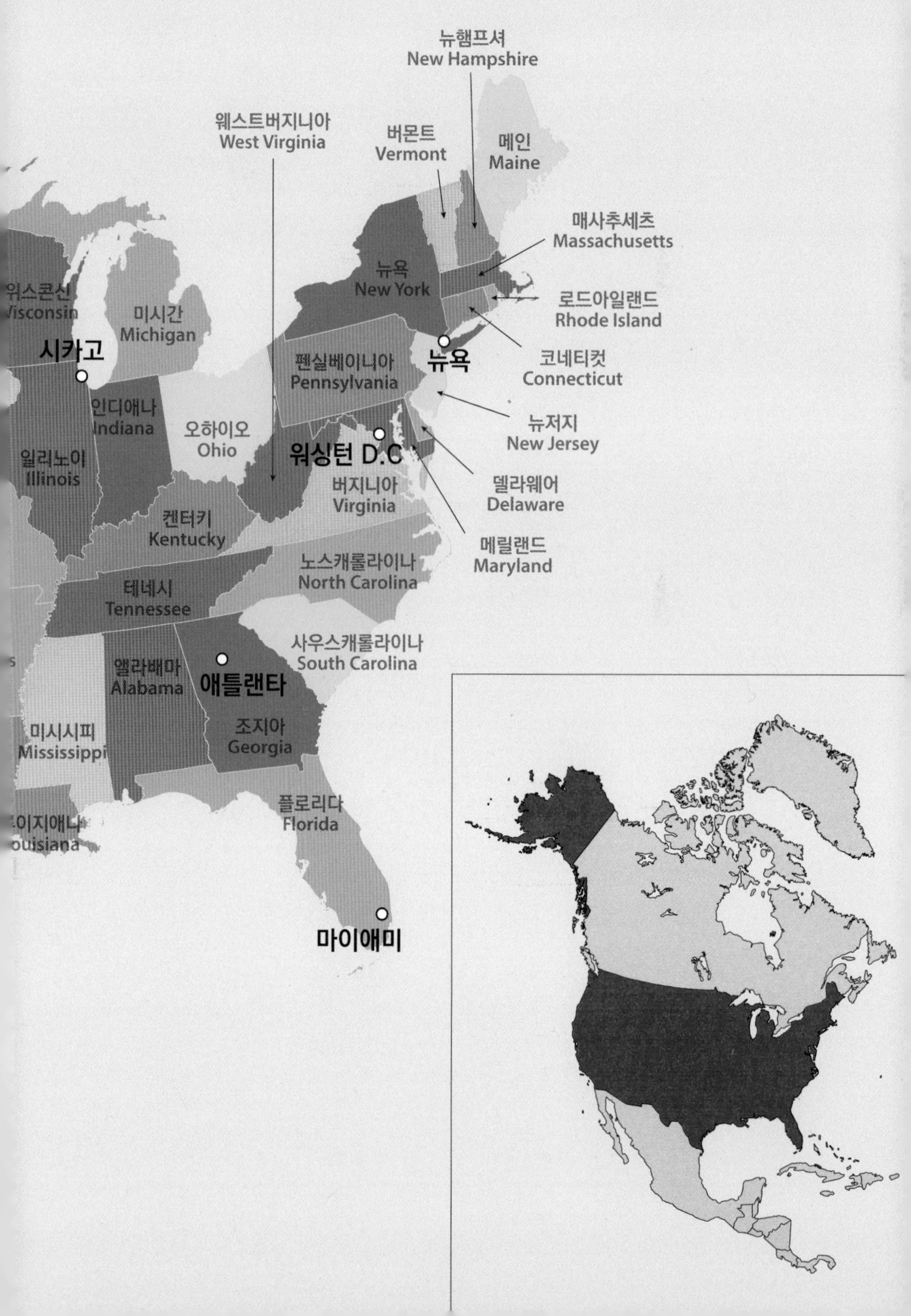
뉴햄프셔
New Hampshire
웨스트버지니아
West Virginia
버몬트
Vermont
메인
Maine
매사추세츠
Massachusetts
뉴욕
New York
로드아일랜드
Rhode Island
위스콘신
Visconsin
미시간
Michigan
시카고
뉴욕
펜실베이니아
Pennsylvania
코네티컷
Connecticut
인디애나
Indiana
오하이오
Ohio
뉴저지
New Jersey
일리노이
Illinois
워싱턴 D.C
버지니아
Virginia
델라웨어
Delaware
켄터키
Kentucky
메릴랜드
Maryland
노스캐롤라이나
North Carolina
테네시
Tennessee
사우스캐롤라이나
South Carolina
앨라배마
Alabama
애틀랜타
미시시피
Mississippi
조지아
Georgia
플로리다
Florida
이지애나
ouisiana
마이애미

1

미국 개황

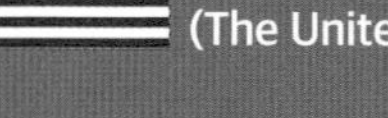

미합중국
(The United States of America)

1. 미국 개요

면적 - 937만 2,610km²(한반도의 45배)

수도 - 워싱턴 D.C.(Washington, District of Columbia)

인구 - 3억 3,491만 4,895명(2023년 기준)

민족 - 백인(60.1%), 히스패닉(18.8%), 흑인(12.2%), 아시아인(5.4%), 인도인(0.7%), 하와이 원주민(0.2%), 기타(2.7%)

기후 - 아열대~한대에 이르기까지 다양한 기후 조건

언어 - 영어(공용어, 일부 지역은 스페인어도 통용)

종교 - 개신교(42%), 가톨릭(21%), 불가지론(6%), 무신론(5%), 몰몬교(2%), 유대교(1%), 이슬람교(1%), 힌두교(1%), 불교(1%), 기타(1%), 무교(19%)

GDP - 27조 3,578억 달러(2023년)
(1인당 GDP) 8만 1,632달러(2023년)

937만 2,610km²

27조 3,578억 달러

2. 정치적 특징

정부 형태 - 대통령 중심제

국가 원수 - 조 바이든(Joe Biden, 1942년생)
※ 2021년 1월 20일 취임

선거 형태 - 간접선거

주요 정당 - 공화당/민주당

기타 - ※ 상하 양원제(상원 100석, 하원 435석)
대통령은 선거를 통해 연임 가능(3선은 헌법으로 금지), 임기는 4년

백악관*

조 바이든 대통령*

3. 미국 약사(略史)

연도	역사 내용
1492	컬럼버스 서인도 제도 발견
1570	영국인 드레이크, 서인도 제도 항해
1612	네덜란드인이 뉴 암스테르담(뉴욕) 건설
1619	메이플라워 호 상륙
1629	매사추세츠 식민지 건설
1636	하버드 대학 창립
1689	영국과 프랑스의 식민지 전쟁 시작(~1697년)
1732	조지아 식민지 건설로 13개 영국 식민지 확정
1767	영국 제품 불수입 협정 운동 시작
1773	보스턴 차 사건
1775	독립 혁명 전쟁 시작, 식민지군과 영국군 무력 충돌, 워싱턴 총사령관 선임
1776	13개 주 독립 선언
1777	대륙회의에서 연합규약 가결, 국호 아메리카 합중국, 아메리카 - 프랑스 동맹
1781	연합규약 각 주에서 추진, 요크타운 전투에서 영국군을 상대로 대승
1783	영미 파리조약에서 미국 독립 승인
1789	미합중국 정식 발족, 워싱턴, 초대 대통령에 취임
1803	프랑스로부터 루이지애나 매입
1819	스페인과의 조약으로 플로리다 병합
1836	텍사스 멕시코로부터 독립, 공화국 설립
1845	텍사스주 미국에 합병
1846	미-멕시코 전쟁 시작
1848	골드 러시의 시작
1860	링컨, 대통령 당선
1862	자영농집법 제정, 노예해방 선언
1863	게티즈버그 전투, 남군 대패
1865	링컨 사망, 반흑인단체 KKK 결성
1867	러시아로부터 알래스카 매입

1898 쿠바 독립, 하와이 병합
1900 금본위제 채택
1910 루스벨트, '뉴 내셔널리즘' 발표
1917 제1차 세계대전 참전
1929 경제 대공황 시작
1933 뉴딜 정책
1941 일본군 진주만 공격, 제2차 세계대전 참전
1945 유엔헌장 성립, 일본에 원폭 투하
1949 북대서양조약기구(NATO) 설립
1950 한국전쟁 참전(~1953년)

출처: www.shutterstock.com

1963 인종 차별 반대 흑인 시위 시작
1965 베트남 전쟁 참전(~1975년)
1968 킹 목사 피살, 흑인 폭동 속발
1969 아폴로 11호 발사, 베트남전 반대 시위

1979 미-중 국교 정상화
1984 LA 올림픽 개최
1985 냉전 종식 선언
1994 북미자유무역협정(NAFTA) 발표
2001 9.11 사태 발생
2003 이라크 침공, 사담 후세인 생포
2008 버락 오바마, 대통령 당선(2012년 재선)
2016 도널드 트럼프, 대통령 당선
2020 조 바이든, 대통령 당선

4. 미국 행정구역(지역 정보 - 50주)

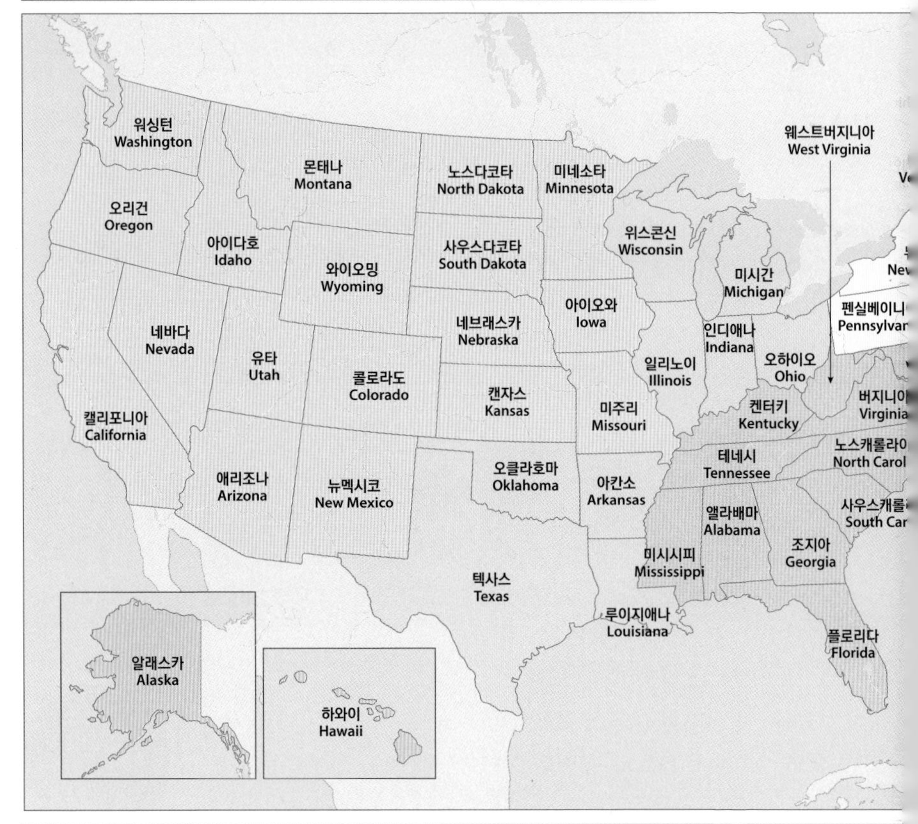

동부	뉴잉글랜드(6주)	메인(ME), 뉴햄프셔(NH), 버몬트(VT), 매사추세츠(MA), 로드아일랜드(RI), 코네티컷(CT)
	중앙(3주)	뉴욕(NY), 뉴저지(NJ), 펜실베이니아(PA)
남부	남동부(4주)	델라웨어(DE), 메릴랜드(MD), 버지니아(VA), 웨스트버지니아(WV)
	동남 중앙(8주)	노스캐롤라이나(NC), 사우스캐롤라이나(SC), 조지아(GA), 플로리다(FL), 켄터키(KY), 테네시(TN), 앨라배마(A
중부	서남 중앙(4주)	아칸소(AR), 루이지애나(LA), 텍사스(TX), 오클라호마(OK)
	동북 중앙(5주)	미시건(MI), 오하이오(OH), 인디애나(IN), 위스콘신(WI), 일리노이(IL)
서부	서북 중앙(7주)	미네소타(MN), 아이오와(IA), 캔자스(KS), 노스다코타(ND), 사우스다코타(SD), 미주리(MO), 네브래스카(
	산악(8주)	몬태나(MT), 와이오밍(WY), 네바다(NV), 아이다호(ID), 콜로라도(CO), 유타(UT), 뉴멕시코(NM), 애리조
	태평양(3주)	워싱턴(WA), 오리건(OR), 캘리포니아(CA)
기타(2주)		하와이(HI), 알래스카(AK)
특별구		컬럼비아 특별구(=워싱턴D.C.)

▣ 지역 특성 개요

출처: www.shutterstock.com

동부

- 앵글로계 백인들이 가장 먼저 정착
- 미국의 가장 오래된 문화유산 다수 존재
- 지역 성향은 산업화와 노예 문제를 겪으며 진보적
- 대도시 간 거리가 다른 지역보다 좁아 인구밀도 높음
- 미국 경제의 중심지, 생활 수준이 높고 문화 발달
- 전형적인 도시 지역들로 생활 속도가 빠름
- 주요 도시: 뉴욕, 필라델피아, 보스턴

출처: www.shutterstock.com

남부

- 지역 성향은 보수적이고 종교적
- 대도시(텍사스 주)와 타 도시 간 경제적 수준 차이가 큼
- 도시 생활보다는 야외, 근교 생활 선호 경향
- '레드넥'이라고 불리는 저학력, 저임금, 저소득 백인 농민층 다수 거주
- 가족 단위 문화 선호
- 주요 도시: 휴스턴, 애틀랜타, 마이애미

출처: www.shutterstock.com

중부

- 오대호 연안과 그 주변의 주들을 포함
- 대규모 공업지역이 형성되며 발전했으나, 제조업의 쇠퇴와 함께 몰락한 도시가 상당수
- 계절별 기후 차가 심하고 여름에는 덥고 겨울에는 눈이 많이 오는 등 극단적
- 주요 도시: 시카고, 디트로이트, 세인트루이스

출처: www.shutterstock.com

서부

- 태평양 지역과 산악 지역으로 나뉨
- 산악 지역은 국립공원 지정 구역이 많고 인구밀도가 낮음
- 태평양 지역은 IT, 전자 기술 집약 단지
- 태평양 지역은 진보적이고 산악 지역은 보수적
- 연중 온화한 기후, 생활 속도 여유로운 편
- 미국 내에서 개방적이고 진보적인 성향
- 주요 도시: 샌프란시스코, 로스앤젤레스, 시애틀

5. 경제적 특징

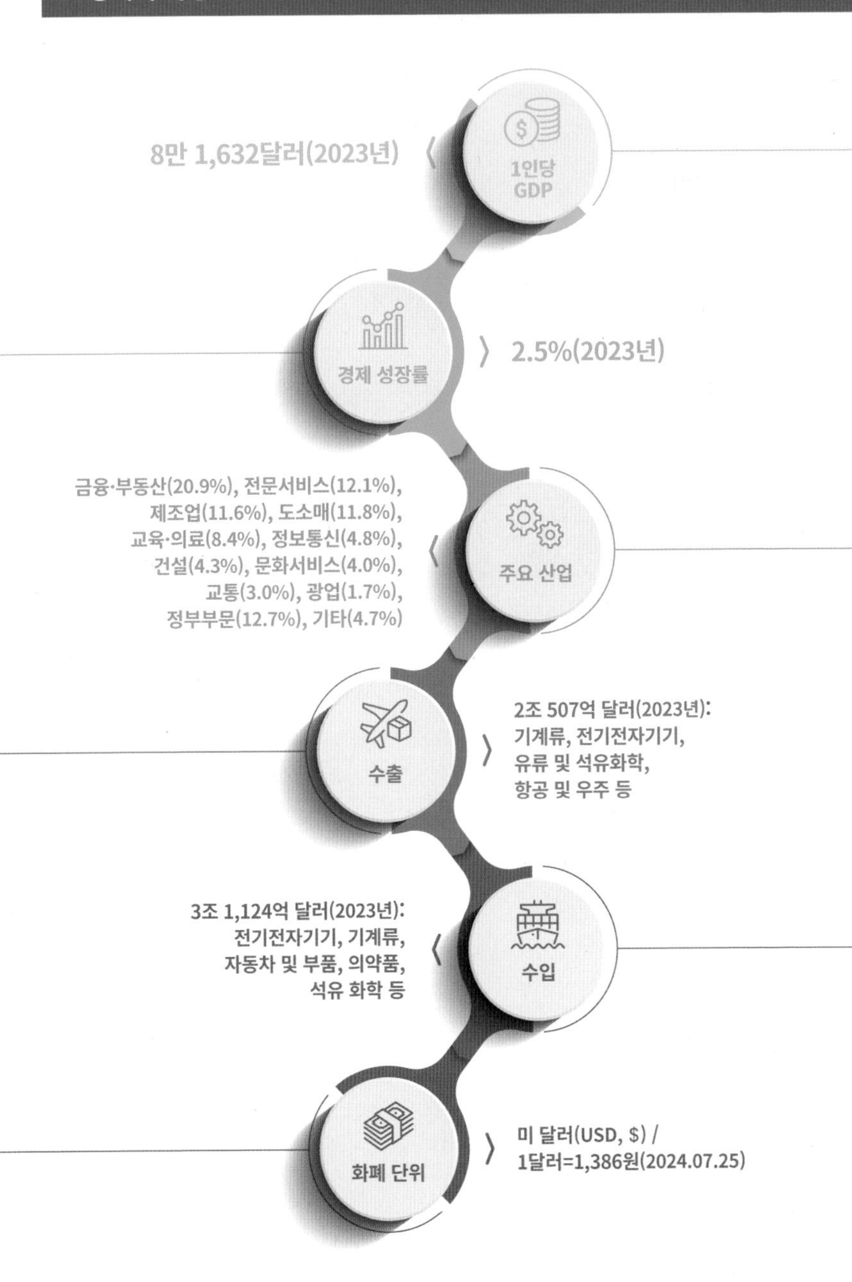
8만 1,632달러(2023년)
1인당 GDP
경제 성장률
2.5%(2023년)
금융·부동산(20.9%), 전문서비스(12.1%),
제조업(11.6%), 도소매(11.8%),
교육·의료(8.4%), 정보통신(4.8%),
건설(4.3%), 문화서비스(4.0%),
교통(3.0%), 광업(1.7%),
정부부문(12.7%), 기타(4.7%)
주요 산업
수출
2조 507억 달러(2023년):
기계류, 전기전자기기,
유류 및 석유화학,
항공 및 우주 등
3조 1,124억 달러(2023년):
전기전자기기, 기계류,
자동차 및 부품, 의약품,
석유 화학 등
수입
화폐 단위
미 달러(USD, $) /
1달러=1,386원(2024.07.25)

6. 사회문화적 특징

▣ 개인주의

- 가족 간의 관계가 중요하고 각 집단에 대한 소속감이 있는 것이 사실이지만 개인과 개인의 권리가 무엇보다도 중요

▣ 경쟁주의

- 미국인들은 성취에 높은 가치를 부여, 이러한 특성 때문에 서로 끊임없이 경쟁
- 스포츠나 사업에서뿐만 아니라 일상적인 일에서도 점수나 기록에 집착하는 경우가 많음
- 둘러 말하는 표현법으로 대답하지만, 속뜻은 거절을 의미

▣ 사회적 관습

- 다른 나라들의 경우보다 격의 없이 이름을 부르는 것이 더 흔함
- 미국인들은 친근하게 행동하는 것으로 유명, 심지어 전혀 모르는 사람에게도 격의 없이 그리고 편하게 대함

7. 비즈니스 매너 및 에티켓

▣ 기본 사항

- 복장: 상대방에게 신뢰감을 줄 수 있는 격식 있는 옷차림이 좋으며, 정장은 미팅 룩의 기본으로 상하의 같은 원단으로 맞춰 입어 통일감을 주는 것이 좋음. 다크 네이비나 그레이가 적당, 셔츠는 깔끔한 흰 셔츠
- 관계: 미국 사람들은 최상의 조건에서 거래하는 것에 대해서만 주목하기 때문에 관계 형성은 중요하지 않고 다양한 인종과 민족 출신의 사람들로 구성되어 비교적 비즈니스 매너의 형식적인 측면에서는 너그러움
- 의사소통: 해당 분야에 대한 완벽한 이해를 요구하며 상품의 서비스나 장점, 기타 특징 등 세부적인 사항까지 논리적이고 합리적인 설명

▣ 약속
- 철저한 시간 약속, 지키지 못할 상황 시 바로 알려주고 양해를 구해야 함
- 약속은 최소 1주일 전, 지키지 못할 경우도 최소 1주일 전에 조정할 것
- 미팅은 아침·점심 시간을 이용하고, 저녁은 개인적 시간임을 유의

▣ 선물·식사
- 돈을 주고받거나 50달러 이상의 선물을 주고받을 경우는 뇌물이며 위법
- 선물의 종류로는 책과 과일 바구니, 꽃이나 화분 등이 일반적
- 개인적인 식사는 저녁. 와인 등의 작은 선물이나 서신 발송 예의, 팁 문화와 휴대폰 예절 주의
- 적절한 선물 선택과 배려하는 식사 매너 준비가 중요

▣ 인사·대화
- 인사를 할 때는 일어나서 악수하며 눈을 맞추는 것이 예의
- 침묵 상태를 오래 유지하는 것은 피하기
- 애매모호한 표현은 금물
- 상황에 알맞은 적당한 몸짓, 손짓 등 비언어 커뮤니케이션과 대화 기술 적용

▣ 비즈니스 협상 시 유의 사항
- 높지 않은 권력 격차 지수(지위의 높고 낮음이 발언하는 데 큰 문제가 되지 않음)
- 높은 개인주의, 남성성도 높은 편(성취에 대한 의욕 강함)
- 개인주의 성향이 강하고 체면의 중요성이 낮은 미국 사람은 비즈니스 협상을 할 때 갈등 상황이 생기는 것을 꺼려하지 않음. 만족한 결과가 나올 때까지 협상

  ※ 갈등을 겪는 경우 이에 대해 잘 설명하면 금방 받아들임
- 미국 사람은 상대적으로 새로운 안건이 나와서 변화된 태도와 모습으로 나간다면 상대방에 대한 신뢰도가 회복되는 것은 빠른 편
- 객관적인 데이터와 체계적인 논리가 뒷받침된 제안서를 바탕으로 이성적으로 설득하는 것이 중요

2

뉴욕주, 뉴욕시 및 맨해튼 개황

1. 뉴욕주 개요

지역	동부 중앙
주도	올버니(Albany)
최대 도시	뉴욕
면적	141,205km^2
인구	1,957만 1,216명(2023년)
인구밀도	160.4/km^{2}명(2023년)
미합중국 가입	1788년 7월 26일(11번째)
공용어	영어
약자	NY

위치

기타	- 주 전체 총생산은 2조 1,000억 달러 (2023년 기준, 미국 내에서 캘리포니아, 텍사스를 이은 3위) - 가장 다양한 인종 거주 - 미국 재정의 중심지(증권 거래소와 금융 회사들의 본사 위치) - 상업·서비스업이 전체 산업의 90% 차지 - 뉴욕시 근교에서는 낙농업 발달 - 의료품 제조업, 식품 가공업, 화학공업 발달

2. 뉴욕시 개황(세계 금융, 상업, 서비스, 섬유 패션 중심지)

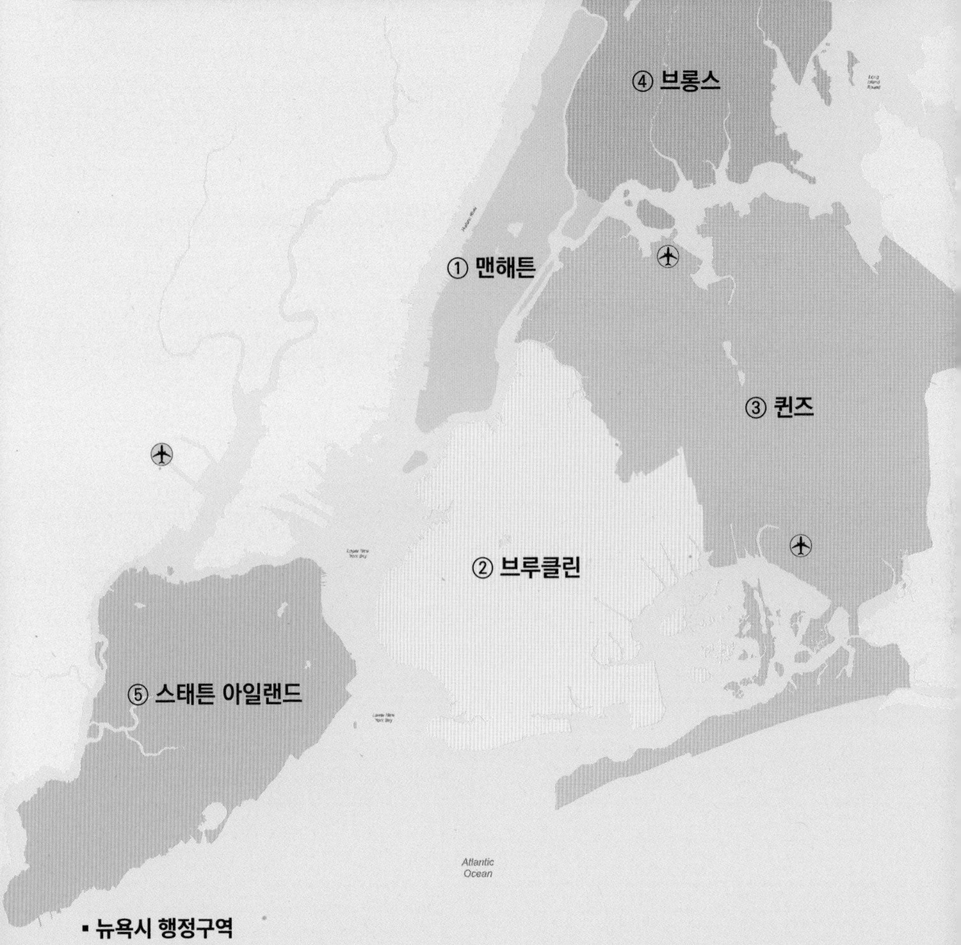

④ 브롱스

① 맨해튼

③ 퀸즈

② 브루클린

⑤ 스태튼 아일랜드

Atlantic
Ocean

▪ 뉴욕시 행정구역

구분	명칭
1	맨해튼(Manhattan)
2	브루클린(Brooklyn)
3	퀸즈(Queens)
4	브롱스(The Bronx)
5	스태튼 아일랜드(Staten Island)

- 면적: 789km^2
- 인구: 825만 8,035명(2023년)
- 인종 구성 분포: 백인(32%), 히스패닉·라틴계(29%), 흑인(22%), 아시아인(14%), 기타(3%)
- 위치: 북동부 뉴욕주
- 기후: 온난 습윤, 동계(12~2월) 0°C, 하계(6~8월) 24°C
- 시장: 에릭 애덤스(민주당)
- GDP: 1조 2,423억 달러(2022년)
- 1인당 GDP: 11만 5,000달러(2022년)
- 물가지수: 163.1(미국 평균: 100)
- 주택/아파트 평균가격: 42만 달러

NEW YORK CITY

TOTAL POPULATION	2000	2010	2013*
Number	8,008,278	8,175,133	8,405,837
% Change	—	2.1	2.8

*estimate, U.S.Census Bureau

VITAL STATISTICS	2005	2012
Births: Number	122,725	123,231
Rate per 1000	15.3	15.1
Deaths: Number	57,068	52,455
Rate per 1000	7.1	6.4
Infant Mortality: Number	732	—
Rate per 1000	6.0	4.8

INCOME SUPPORT	2005	2014
Cash Assistance (TANF)	414,093	336,299
Supplemental Security Income	400,988	420,087
Medicaid Only	1,750,938	2,050,286
Total Persons Assisted	2,566,019	2,806,672
Percent of Population	32.0	34.3

TOTAL LAND AREA	
Acres:	195,086.8
Square Miles:	304.8

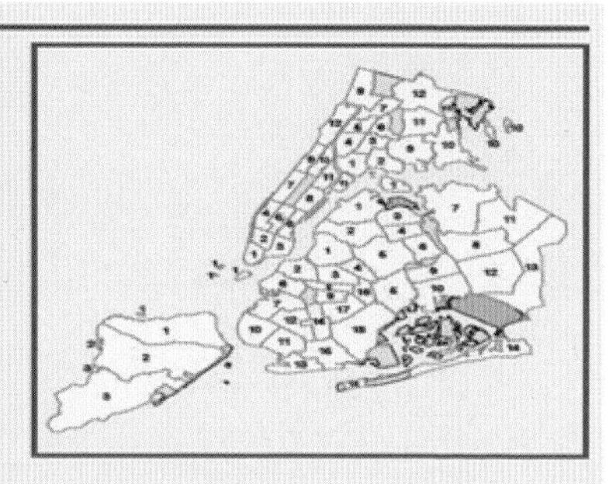

LAND USE, 2014	Lots	Lot Area Sq. Ft.(000)	%
1 - 2 Family Residential	564,723	1,829,877.1	27.0
Multi-Family Residential	142,733	832,276.4	12.3
Mixed Resid./Commercial	48,836	203,787.3	3.0
Commercial/Office	24,650	274,143.1	4.1
Industrial	11,464	235,406.5	3.5
Transportation/Utility	6,679	512,764.8	7.6
Institutions	12,246	460,940.8	6.8
Open Space/Recreation	5,007	1,819,726.1	26.9
Parking Facilities	11,436	88,927.4	1.3
Vacant Land	28,471	452,189.6	6.7
Miscellaneous	3,315	56,930.1	0.8
Total	859,560	6,766,969.1	100.0

▪ 뉴욕시 인구 증가 추이(2020~2022년)

지역	2020년(명)	2022년(명)	2020~2022 증감율
뉴욕주	331,449,520	333,287,557	0.6%
뉴욕 시티	20,201,230	19,677,151	-2.6%
브롱스	8,804,190	1,379,946	-6.3%
브루클린	2,736,074	2,590,516	-5.3%
맨해튼	1,694,251	1,596,273	-5.8%
퀸즈	2,405,464	2,278,029	-5.3%
스태튼 아일랜드	495,747	491,133	-0.9%

1) 주요 특징

- 맨해튼, 브루클린, 퀸즈, 브롱스, 스태튼 아일랜드 5개 자치구로 구성
- 맨해튼은 시의 중심지

2) 경제 현황

- 세계 금융, 상업, 서비스, 섬유 패션(뉴욕 4대 산업) 중심지

주요 산업	현황
금융	- 세계 상위 25대 은행 중 19개 은행 소재 (Bank of America, JP Morgan, HSBC, Citigroup 등) - 세계 10대 증권회사 소재 (Merrill Lynch, Goldmansachs, Morgan Stanley 등)
상업	- 포춘 지 선정 500대 기업 중 55개사 본사 소재 (MetLife, AIG, American Express, Philip Morris 등)
서비스	- 세계 10대 광고사 중 5개사 본사 소재 (Wieden + Kennedy, Grey, The Martin Agency 등) - 10대 경영 컨설팅 회사 중 5개 사 본사 소재 (Mckinsey, Bain&Company, AT Kearney 등)
섬유 패션	- 다양한 유명 패션 브랜드의 탄생지이며, 세계 4대 패션쇼가 열리는 도시 (DKNY, Michael Kors, Alexander Wang, Calvin Klein 등)
기타	- 이외에도 문화, 예술, 통신, 엔터테인먼트, 출판, 무역 등 다양한 산업 중심지

3) 약사

연도	역사 내용
1524	이탈리아, G.베라차노 대서양 항해 중 발견
1609	영국, H.허드슨 뉴욕 만에 도달하여 맨해튼섬 탐험 네덜란드인 이주
1626	네덜란드 맨해튼섬 매입, 뉴 암스테르담이라고 명명
1652	자치권을 부여받음
1664	영국 함대, 뉴 암스테르담 강제 점령 요크 공의 이름을 따 뉴욕이라 개칭
1667	영국과 네덜란드 간 영토 교환 과정으로 영국령 편입
1686	뉴욕시 헌장 제정
1775	독립전쟁
1785	연합회의 개최 및 연합규약 체결
1788	헌법 제정 회의 이후 9월 13일 미국 최초의 수도로 제정
1789	미국의 초대 대통령 조지 워싱턴이 월가의 페더럴 홀에서 취임식을 함
1825	이리 운하의 개통 이후, 대서양 항구와의 연결 매개체
1835	미국 최대 도시로 성장
1840	뉴욕 경찰국 및 교육국이 설립됨
1850	아일랜드 대기근 이후 아일랜드 이민자 대거 유입
1863	남북 전쟁 당시, 징병 거부 폭동 발생
1886	자유의 여신상 완공
1898	브루클린과 맨해튼 외곽 지역이 통합되면서 현대의 뉴욕 대도시권 형성
1914	뉴욕주 의회는 뉴욕의 5개 군 경계에 브롱스 자치구 제정
1920	미국의 금주법 시기에 할렘 르네상스 번성
1925	런던을 추월하여 세계에서 가장 인구가 많은 도시 선정
1951	맨해튼 이스트사이드에 국제 연합 본부가 설립됨
1970년대	역사적으로 범죄율이 높은 도시로 악명을 떨침
1980년대	세계 금융 산업의 중심지로 월 가의 역할이 회복됨
1990년대	뉴욕 범죄율의 급격한 하락
2001	9.11 테러 발생
2012	10월 29일 허리케인 샌디로 인한 피해
2017.09	뉴욕 시의회 뉴욕시 전역에 있는 공립학교에 무상급식안 통과
2010년대	기술 및 스타트업 붐(Silicon Alley), 허드슨 야드 등 도시 재생 프로젝트 시행

3. 맨해튼 자치구 개황

1) 주요 특징

▣ 뉴욕시 5개 자치구 중 하나인 맨해튼은 '많은 언덕의 섬'이라는 의미의 긴 섬

▣ 맨해튼은 시의 중심부이며, 문화·예술·금융·상업의 중심지로 금융 중심지인 월가가 남쪽에 위치하며 북동쪽으로 브로드웨이와 이것을 교차하는 5번 스트리트의 두 대로가 시를 종으로 관통

▣ 브로드웨이 42번 스트리트는 타임스 스퀘어로 가장 번화한 장소이며 5번 스트리트와 브로드웨이에는 세계적인 고급 상점들이 다수 위치함

▣ '잠들지 않는 도시', '세계의 수도'라는 애칭으로 불리고 있음

▣ 맨해튼은 크게 5구역으로 구분 가능

구역	특징
어퍼 맨해튼 (Upper Manhattan)	센트럴 파크(Central Park) 북쪽 지역은 할렘(Harlem) 일대와 서쪽의 모닝사이드 하이츠(Morningside Heights)를 지칭
업타운 (Uptown)	센트럴 파크를 중심으로 메트로폴리탄 미술관을 비롯하여 많은 문화시설이 포진되어 있는 곳으로 뉴욕 상류층의 생활 지역
미드타운 (Midtown)	맨해튼의 중심부이자 뉴욕 관광지가 집중되어 있는 곳으로 뮤지컬 공연장이 몰려 있는 시어터 디스트릭트(Theater District) 위치
다운타운 (Downtown)	고급 레스토랑과 상점을 볼 수 있는 곳으로 차이나타운, 소호, 첼시, 그리니치 빌리지 등 위치
로어 맨해튼 (Lower Manhattan)	맨해튼 최남단 지역으로 월 스트리트(Wall Street)를 중심으로 한 세계 금융 지역

2) 맨해튼의 도로

▣ 남북으로 난 도로들을 애비뉴(Avenue)라고 부르며 동쪽부터 1번 애비뉴(1st Ave), 2번 애비뉴(2nd Ave) 등의 순서로 서쪽의 12번 애비뉴(12th Ave)까지 나란히 뻗어 있음

▣ 4번 애비뉴는 없고 대신 3개의 애비뉴(Lexington Ave, Park Ave, Madison Ave)가 있으므로 총 14개의 애비뉴

▣ 동서로 난 도로들은 스트리트(Street)라 부르며 남쪽 끝이 1번 스트리트로 시

작하여 북쪽으로 올라가면서 240개가 넘는 스트리트가 이어짐

▣ 타임스 스퀘어(Times Square)의 경우 7번 애비뉴와 42번 스트리트가 만나는 지점

▣ 34번 스트리트, 42번 스트리트, 57번 스트리트, 125번 스트리트 등은 쇼핑에서 매우 중요한 거리

3) 각 구역별 특징

(1) 미드타운(Midtown)

- 31번과 59번 스트리트 사이에 위치해 있으며 뉴욕의 랜드마크인 엠파이어 스테이트 빌딩, 크라이슬러 빌딩, UN 본부, 타임스 스퀘어 등이 존재하여 관광객 및 일반 회사원들의 비중이 높음
- 가장 유명한 극장가인 브로드웨이가 있으며, 다양한 호텔과 레스토랑이 많음

(2) 소호(Soho)

- 1960~1970년대 예술가들에게 가장 인기 있었으며, 현재는 패션의 수도로 불림
- 산업 지구에서 젊은 층들이 밤 문화를 즐기는 유행의 선도 장소로 바뀜

(3) 트라이베카(Tribeca)

- 1970년대부터 많은 예술가들이 상주하였으며, 1980년대 이후 고급 주택들이 들어선 부자 동네로 탈바꿈함
- 다양한 영화의 배경으로 촬영되었으며, 매년 봄 트라이베카 영화제가 열림

(4) 첼시(Chelsea)

- 맨해튼의 문화 중심지의 역할을 하며 1970년 및 1981년 각각 뉴욕시 랜드마크 보존위원회가 지정한 역사 지구를 포함하고 1982년 다양한 시대 건축 사례를 포함하여 범위를 확장함

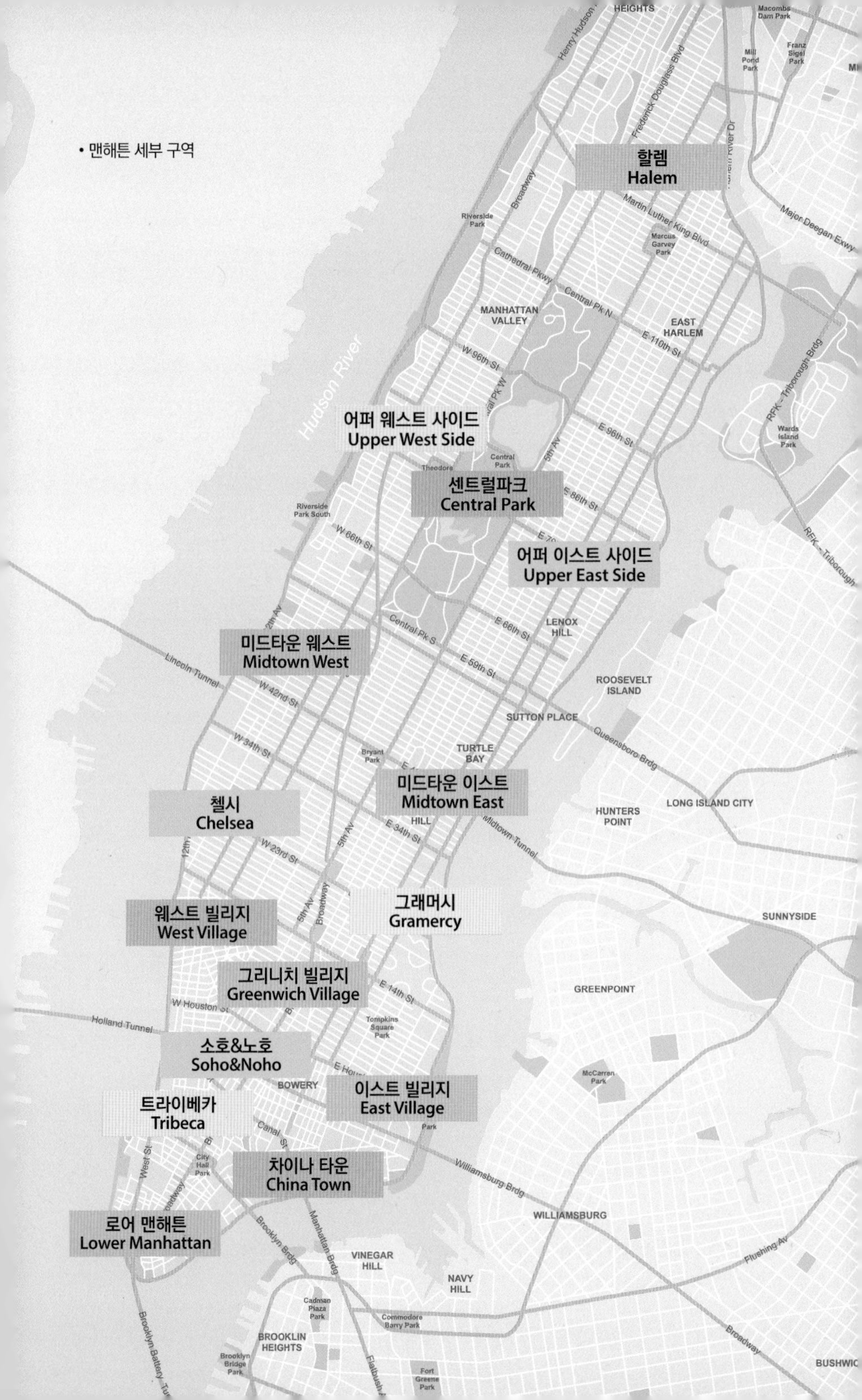

• 맨해튼 세부 구역
할렘
Halem
어퍼 웨스트 사이드
Upper West Side
센트럴파크
Central Park
어퍼 이스트 사이드
Upper East Side
미드타운 웨스트
Midtown West
미드타운 이스트
Midtown East
첼시
Chelsea
그래머시
Gramercy
웨스트 빌리지
West Village
그리니치 빌리지
Greenwich Village
소호&노호
Soho&Noho
이스트 빌리지
East Village
트라이베카
Tribeca
차이나 타운
China Town
로어 맨해튼
Lower Manhattan
Hudson River
MANHATTAN VALLEY
EAST HARLEM
LENOX HILL
ROOSEVELT ISLAND
SUTTON PLACE
TURTLE BAY
LONG ISLAND CITY
HUNTERS POINT
SUNNYSIDE
GREENPOINT
BOWERY
WILLIAMSBURG
VINEGAR HILL
NAVY HILL
BROOKLIN HEIGHTS
BUSHWIC

- LGBTQ(성소수자)의 인구가 굉장히 많은 것이 특징으로 8번 스트리트를 중심으로 성소수자 중심으로 이루어진 쇼핑 및 회식의 중심지

(5) 그리니치 빌리지(Greenwich Village)

- '아티스트의 천국', '보헤미안의 수도', '성소수자 운동의 시작점' 등으로 불리며 전통적으로 많은 예술가와 배우, 작가, 시인들이 거주하던 동네
- '뉴욕의 미로'라 불리며 규칙적으로 구획된 타 지역과 달리 거리가 불규칙하게 얽혀 있는 것이 특징

(6) 어퍼 이스트 사이드(Upper East Side)

- 뉴욕에서 가장 부유한 지역 중 하나로 '골드 코스트'라 알려졌으며 스펜스, 루돌프 슈타이너 등과 같은 다양한 학교들이 존재하며 우수한 교육 시스템이 있음
- 센트럴 파크, 마일 박물관, 그랜드 아미 플라자 등이 위치함

(7) 할렘(Halem)

- 아프리카계 미국 문화의 중심지로 재즈 클럽, 소울푸드 레스토랑 등이 있으며 모닝사이드 공원, 재키 로빈슨 공원 등 다양한 공원들이 위치함
- 과거에는 치안 등의 문제로 슬럼화가 진행되었던 곳이었으나 주민들이 지역 개발 공동회사를 꾸린 후 주택 리모델링 등을 통하여 삶의 질을 상승시킴
- 흑인 문화로 대표되는 힙합과 재즈 및 소울을 대중화하는 데 성공하여 빈민가로 대표되던 할렘 지역이 문화도시로 성장함

(8) 차이나 타운(China Town)

- 과거 중국인들의 미국 이민으로 인해 맨해튼 동남부 지역에 차이나타운이 생겨났으며 광둥성 및 홍콩 지역 출신들에 의해 만들어져 중국 표준어(Man-

darin)보다는 광둥어(Cantonese)가 주로 사용됨
- 뉴욕의 여타 지역에 비해 상대적으로 물가가 저렴하며 교통의 요지로서 접근성이 뛰어나며 관광 및 요식업이 주요 산업

(9) 어퍼 웨스트 사이드(Upper West Side)

- 상업 지역이며 동시에 문화 지역으로 컬럼비아 대학교, 링컨 공연 예술 문화센터 등이 있으며 뉴욕시에서 부유한 지역 중 하나
- 유대인의 비중이 높은 편이며 양옆으로 센트럴 파크와 리버사이드 파크가 자리 잡고 있어 편안한 느낌을 유지함

(10) 웨스트 빌리지(West Village)

- 한국의 신사동 가로수길 같은 곳으로, 패션을 좋아하는 사람들이 즐겨 찾고 특히 빈티지 패션 숍 또는 다양한 패션 숍들이 있음
- 20세기 보헤미안 문화가 발달했으며 미술관 및 극장들이 있음

(11) 노호(Noho)

- North of Houston의 약자로 휴스턴의 북쪽이란 뜻을 가짐. 소호와 함께 뉴욕 패션의 메카라 불리며 1999년 뉴욕시 랜드마크로 지정됨
- 19세기 초 주택, 19세기 및 20세기 건물 등이 랜드마크에 포함되어 있음

4) 경제 현황

(1) 제조업

- 1960년대 후반부터 뉴욕 제조업은 감소 추세
- 2023년 도시 전체 GVA(총부가가치)의 1.8%, 전체 노동인구 수 1% 차지
- 중요 제조 업종으로는 화학, 의류, 출판, 식품가공업 등
- 뉴욕 화학회사는 북 뉴저지에서 주로 화장품 원료 생산
- 다양한 유명 패션 브랜드의 원천지이기도 하며 미드타운 맨해튼에 위치한

가먼트 디스트릭트(Garment District)는 의류·섬유업계 선도 주자들의 소재지로 유명

(2) 상업

- 무역은 GVA와 고용률의 가장 이상적인 비율(22%, 31%)을 보이는 산업군
- 관광 산업을 통해 뉴욕은 유통업, 호텔, 레스토랑으로 이어지는 네트워크를 확립
- 세계 금융의 상징이자 미국의 금융 수도인 뉴욕은 2022년 금융 및 보험 서비스 분야에서 총 GVA의 20% 차지(약 300조 원)

(3) IT

- 실리콘 앨리(Silicon Alley): 뉴욕 맨해튼 및 브루클린의 인터넷 및 뉴미디어 콘텐츠 벤처기업들이 밀집한 지역
- 실리콘 밸리에 비견되는 동부 IT 중심지로서 뉴욕은 그동안 전통적인 금융업, 유통업, 숙박업에 기반을 둔 도시에서 벗어나고자 IT산업을 꾸준히 성장시킴
- 최고의 비즈니스 학교인 컬럼비아 대학교, 뉴욕 대학교 등의 지원과 뉴욕시의 지원, 지역적인 비즈니스 서비스 이점 등으로 수많은 스타트업 기업이 생김

5) 도시 부동산 및 임대 시황

- 미국 및 전 세계 슈퍼리치들이 거주를 위해 맨해튼 최고급 아파트를 대량으로 구매하면서 아파트 값이 매년 약 5% 이상 상승
- 1,000만 달러 이상의 초고가 매물의 경우 연 8%에 가까운 집값 상승이 이어져 왔는데 100만 달러 미만 매물들의 가격 상승은 둔화
- 맨해튼은 현재 땅값이 너무 높고, 이미 개발이 완료된 지역들이 많기 때문에 주변의 퀸즈, 브루클린, 롱아일랜드의 많은 개발이 예고되어 있음

4. 뉴욕 주요 랜드마크 및 명소

할렘
Harlem

Hudson Riv

센트럴 파크
Central Park

링컨 센터
Lincoln center

메트로폴리탄 미술 박물관
Metropolitan Museum of Art

억만장자 거리
Billionaires' Row Street

카네기 홀
Carnegie Hall

루스벨트 아일랜드
Roosevelt Island

타임스 스퀘어
Times Square

뉴욕 현대 미술관
The Museum of Modern Art

허드슨 야드
Hudson Yard

브로드웨이 박물관
Museum of Broadway

브라이언트 파크
Bryant Park

하이라인
High Line

유엔 본부
United Nations Headquarter

첼시 마켓
Chelsea Market

엠파이어 스테이트 빌딩
Empire State

삼성 837
samsung 837

휘트니 미술관
Whitney Museum of American Art

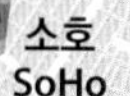

소호
SoHo

원 맨해튼 스퀘어
One Manhattan Square

원 월드 트레이드센터
One World Trade Center

맨해튼 브리지
Manhattan Bridge

배터리 파크
Battery Park

브루클린 브리지
Brooklyn Bridge

사우스 스트리트 시포트 박물관
South Street Seaport Museum

브루클린 네이비야드 & 덤보
Brooklyn Navy Yard & Dumbo

3

뉴욕의 도시 재생 및 개발 정책과 현황

1. 뉴욕 도시계획의 역사

1) 맨해튼의 도시 특성

▣ 면적: 87.46km²

▣ 인구: 164만 5,867명(2023년 기준)

▣ 기후: 1년 내내 온난 습윤한 기후에 속하며 봄, 가을, 겨울은 포근하나 여름은 매우 덥고 습함

(1) 경제 현황

① 금융

▣ 세계 금융의 상징인 월 스트리트가 있는 만큼 미국 전체적으로도 금융 산업의 본부 역할을 담당함

▣ 뉴욕 증권거래소, NASDAQ이 위치해 있으며 세계 3대 증권거래소 중 2개가 위치해 있음

② 관광업

▣ 2023년 약 6,200만 명의 관광객이 찾을 만큼 관광 도시로 유명함

▣ 브로드웨이 뮤지컬의 2022~2023 시즌 수입은 15억 7,800만 달러(약 2조 2,000억 원), 총 관객 수는 1,228만 3,399명

▣ 2023년 호텔 객실 수 12만 2,500개, 객실 점유율 90%에 달함

③ 부동산

▣ 세계적으로 뉴욕 중 맨해튼 부동산 시장은 안전한 투자처로 꼽히며 글로벌 경기의 회복세로 부동산 투자 수요가 높아짐에 따라 가격 상승세를 보임

▣ 2023년 기준 맨해튼 오피스의 ft²당 단가는 90달러 수준

▣ 글로벌 부동산 컨설팅업체 JLL의 평가에 따르면 미국 부동산 시장의 투명성이 최상위권에 랭크되어 있음

2) 도시계획의 역사와 도시 재생·개발 정책의 변천 과정

(1) 뉴 암스테르담의 탄생

▣ 맨해튼은 사실 길이 21.6km, 폭 3.7km의 섬으로 면적은 여의도(4.5km²)의 13배 크기이며, 북쪽 하렘강, 서쪽 허드슨강, 동쪽 이스트강으로 형성됨

▣ 맨해튼은 북에서 남으로 순차적으로 어퍼 맨해튼, 미드 맨해튼, 다운타운인 로어 맨해튼으로 구분되며 서쪽과 동쪽은 5번 애비뉴를 중심으로 나뉨

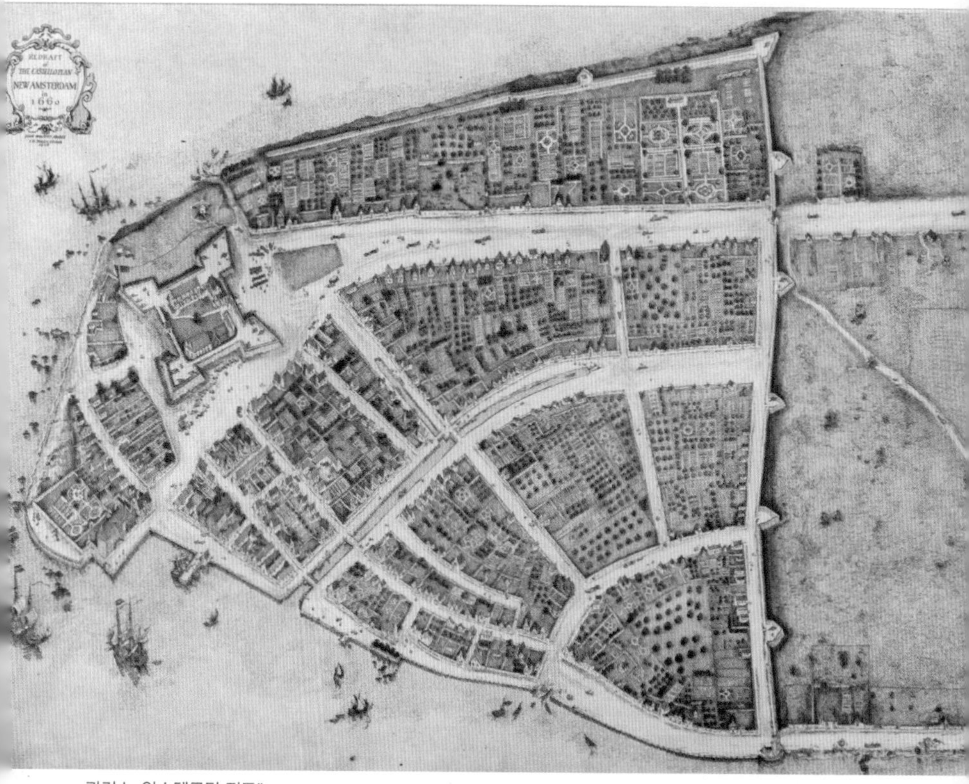

• 과거 뉴 암스테르담 지도*

▣ 맨해튼의 다운타운으로 남쪽으로 바다에 면한 로어 맨해튼에 시장이 처음 열린 계기는 1624년 애틀랜타 해양을 건너온 네덜란드인의 가죽 교역으로 영구적인 교역 거점을 형성하였으며 당시 이 지역은 아메리카 대륙 원주민

들 중 하나인 레니 레나페 네이티브 아메리칸스(Lenni Lenape Native Americans)의 활동지였음

▣ 당시 네덜란드의 교역 브로커인 페터르 미노이트(Peter Minuit)는 1625년 로어 맨해튼을 방문하여 새로운 교역 회사를 찾고 있던 중 레나페 인디언에게 1626년 당시 60길더(guilder)(2006년 기준 1,000달러에 해당) 가치의 물건들과 맨해튼섬을 교환하였으며 페터르 미노이트는 이후 1631년까지 네덜란드 식민지의 책임자였음

▣ 네덜란드인들은 이스트 리버(East River)와 노스 리버(North River, 현재 Hudson River)가 만나는 맨해튼 남쪽 끝의 언덕 위에 인디언과 영국의 공격을 방어하는 요새인 포트 암스테르담(Fort Amsterdam)이라는 요새를 조성하였으며 요새 조성을 위해 1628년부터 아프리카 노예를 수입하였는데 이곳이 현재 배터리 파크(Battery Park)이며 인접한 볼링 그린(Bowling Green)과 펄 스트리트(Pearl Street)를 통해 인접한 마을과 연결되던 곳으로 유럽인과 노예의 마을이 형성됨

▣ 이곳은 1647년부터 뉴네덜란드의 행정관인 페터르 스투이페산트(Peter Stuyvesant)의 자치행정이 시작된 이후 뉴 암스테르담(New Amsterdam)이 1653년 자치도시로 설립되었고, 목재 울타리가 현재 월 스트리트에 조성되었음

▣ 뉴 암스테르담은 이후 1664년 영국에 흡수되어 요크 공(Duke of York)을 추모한다는 뜻으로 뉴욕으로 개명함. 당시 뉴욕의 범위는 현재 월 스트리트의 남쪽 지역이었으며 인구는 1,500명이었음. 이후 뉴욕에 트리니티(Trinity) 교회가 1698년 설립되었고 1720~1730년대에 신문이 발행되고 극장이 설립되어 뉴욕의 인구는 1700년 5,000명으로 증가하였으며 뉴욕은 이 시기에 북아메리카 동부 해안의 선발 도시였던 필라델피아와 달리 도시 설계안이 무분별하게 성장함

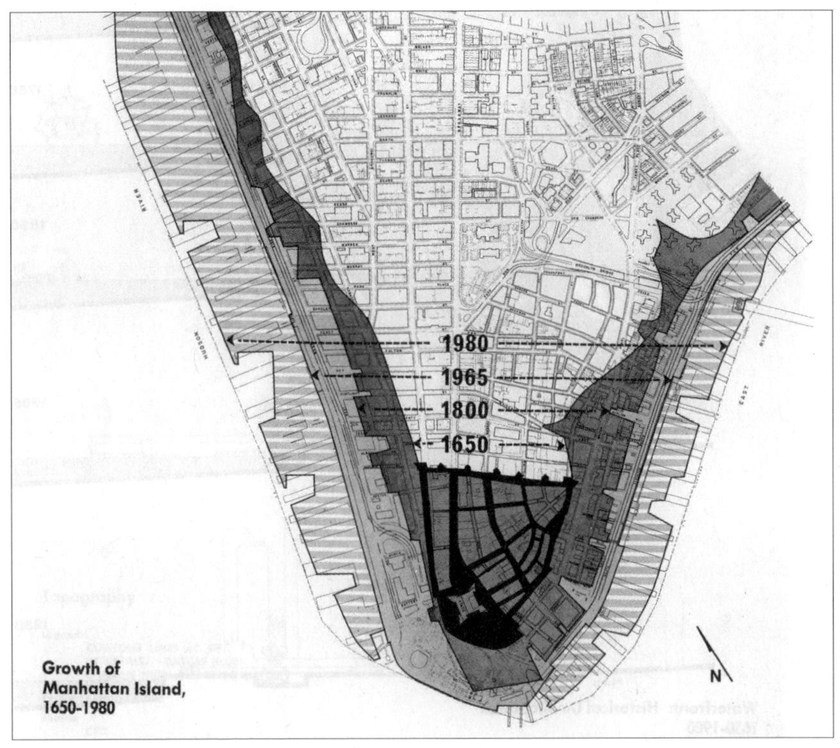

• 과거 연도별 맨해튼 확장도

출처: dailymail.co.uk

(2) 브로드웨이의 탄생

▣ 뉴욕은 18세기 중반부터 빠르게 발전하여 60년 만에 인구가 거의 열 배로 증가했고 이에 따라 19세기 초반, 미국에서 가장 큰 도시이자 가장 큰 항구가 됨

▣ 19세기 초에 뉴욕의 인구는 10만 명에 이르렀고 대부분의 인구가 맨해튼에 집중, 그 후로도 도시는 급속도로 성장하였고 전체 도시계획의 수립이 절실하게 요구되자 주지사인 모리스(Morris)와 위트(S. De Witte) 그리고 러더퍼드(J. Rutherford)가 뉴욕의 도시계획위원회를 구성하여 전체 도시계획을 수립

▣ 도시계획은 4년이 걸려서 완성되었고 1811년 최종안이 통과되어 맨해튼은 직각으로 교차하는 동일한 가로망으로 구성

- 남북으로 관통하는 애비뉴들은 12개, 동서로 관통하는 스트리트는 155개로 구성하였으며 그리드형 가로 시스템에서 유일하게 예외적인 가로가 바로 대각선으로 관통하는 브로드웨이(Broadway)임
- 이 가로는 도시계획이 수립되기 전부터 존재했으며 도시계획위원회에서는 가로를 없애려고 했으나 주민들의 반대가 심각하여 결국 존속시키게 되었음

▣ 뉴욕에서 가장 오래된 중심축 중의 하나인 브로드웨이는 그 이름이 의미하는 대로 맨해튼의 남북축을 대각선으로 연결하는 넓은 대로로 인디언 원주민만이 거주하던 맨해튼섬에 도착한 네덜란드인들이 섬의 남북축으로 늪과 바위 지역을 가로지르는 철도를 만든 것에서 기원함

▣ 브로드웨이는 최남단 볼링 그린(Bowling Green)에서 시작, 맨해튼 북단의 브롱스 지역과 웨스트체스터 카운티(Westchester County)까지 계속되었고 초기 도시계획에서 브로드웨이와 격자 가로가 만나는 교차점은 광장으로 계획되었음

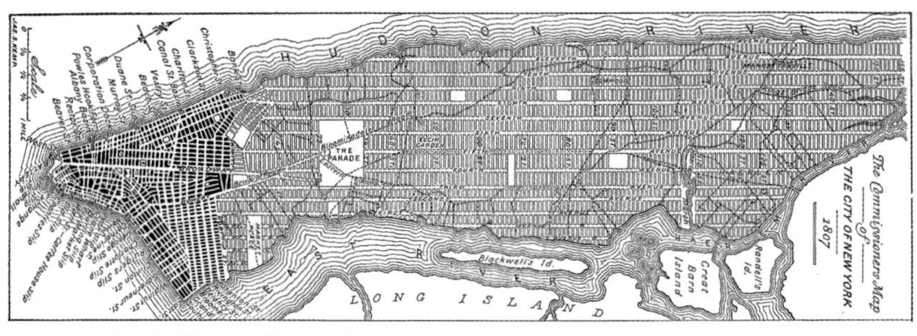

• 1807년 뉴욕 도시계획도, 격자형 가로망과 대각선으로 뻗은 선이 브로드웨이*

▣ 현재 브로드웨이에는 타임스 스퀘어를 비롯하여 시청과 링컨 센터, 센트럴 파크 등 주요 시설이 위치하고 있음

※ 브로드웨이 뮤지컬 극장

- 1750년대 뉴욕의 초기 브로드웨이 뮤지컬 극장들은 주로 맨해튼의 남쪽 지구인 로어 맨해튼에 있었음. 1820년대에 로어 맨해튼의 뮤지컬 공연이 성황을 이뤘지만 1850년대부터 뉴욕의 극장들은 점차 다운타운을 떠나 미드타운으로 옮겨가기 시작했는데 그 이유는 차지하는 면적이 크다 보니 극장 임대료를 감당하지 못해 현재 42번 스트리트 극장가로 옮기게 됨

(3) 도시계획 시스템(Grid System)

- ▣ 뉴욕 도시의 대표성인 격자형 도시 블록의 조성 계기는 이즈음 수립된 도시계획안으로, 당시 뉴욕주지사였던 대니얼 톰킨스(Daniel D. Tompkins)가 1807년 커미셔너(Commissioners)를 임명, 뉴욕의 급속한 성장 대응을 위한 뉴욕 도시계획안(Grid Plan of 1807)을 수립함
- ▣ 뉴욕시는 이후 뉴욕주로부터 권한을 이양받아 커미셔너 위원회를 조직하고 그리드(Grid) 도시계획안을 보완하여 'Commissioners' Plan of 1811'을 완성했으며, 이후 그리드 도시계획안은 뉴욕주 의회의 승인을 받아 입법화되고 1870년 그리드 확장 계획으로 보완됨
- ▣ 1811년 커미셔너스 플랜(Commissioners Plan)은 무엇보다 계획의 실현화라는 관점에서 탁월한 결과를 만들어 낸 도시 역사상 가장 성공한 도시계획의 하나로 평가되며 계획안의 목적은 맨해튼에 도로 체계를 확보하는 것으로 맨해튼을 폭 30m(100ft)인 12개의 북-남 애비뉴 그리고 폭 18m(60ft)의 155개 동-서의 가로를 조성하여 약 2,000개의 격자형 도시 블록으로 세분화했음
- ▣ 이를 통해 1811년 커미셔너스 플랜은 효과적인 토지 개발과 매매를 유도하고 공간적으로 무질서하게 방치되어 빠르게 발생하는 민간 개발을 통제하고 질서를 부여했음
- ▣ 1811년 커미셔너스 플랜은 맨해튼의 남쪽 끝에 집중된 개발을 방사형 블록 형태가 아닌 격자형 블록 형태로 개발을 유도하고 균일한 주거 블록과 주거 블록 내 기본필지 건물 전면부와 일체화된 가로전면부를 형성함
- ▣ 맨해튼은 이러한 결과로 1837년부터 남-북으로 가로지르며 뉴욕시와 주변의 외곽지역을 연결하는 교통 인프라가 2번 애비뉴, 3번 애비뉴, 파크 애비뉴(4번 애비뉴, 1837), 브로드웨이, 6번 애비뉴 등을 따라 집중적으로 형성되었으며. 뉴욕의 도시 개발은 1850년 42번 스트리트를 넘어 북쪽으로 확장 진행되었음
- ▣ 당시 도시 개발은 3~4층 높이의 건물들과 교회들이 도로를 따라 조성되었

고 기능이 확대되며 서쪽의 허드슨 강변을 따라 항구 기능이 확장됨

▣ 이 시기에 파크 애비뉴를 따라 메트로 노스 레일로드 할렘 라인(Metro-North Railroad Harlem Line), 2번 애비뉴와 3번 애비뉴를 따라 맨해튼~브롱스를 연결하는 3번 애비뉴 고가철도, 2번 애비뉴 고가철도, IRT 렉싱턴 애비뉴(Lexington Ave) 지하철 노선, BMT 브로드웨이 지하철 노선, 이스트 리버 드라이브 확장구간 IND 6번 애비뉴 지하철 노선(1940)이 건설되어 남-북 확장을 주도하였음

(4) 조닝 코드의 역사와 변천 과정

▣ 1916년 조닝 코드(Zoning Code, 용도지역지구제)를 도입한 뉴욕시는 그동안 조닝을 도시 관리의 핵심 수단으로 발전시켜 왔으며 특히 상업 지역은 그 종류가 73가지에 이를 정도로 세분화되어 있을 뿐 아니라 중복 지구, 등가 주거 지역, 맥락 조닝, 특별 목적 지구 등 다양한 기법과 제도를 통해 최대한 해당 지역의 특성과 맥락을 고려하기 위한 방향으로 발전시켜 왔음

① 조닝 코드, 조닝 레졸루션

▣ 지역제 뉴욕시

1916년 처음 제정된 조닝 오디넌스(Zoning Ordinance)는 로어 맨해튼에 들어선 고층 건물의 형태와 높이를 규제하고 서로 다른 용도의 침범으로 인한 재산 가치 하락 등의 침해를 방지하기 위한 것. 용도 지역을 분리하고 각 용도 지역에 따라 용도 및 민간 개발에서 개별 건축물에 건축선, 높이, 밀도 등 규제를 가하여 토지 이용과 개별 건축 개발을 통제하였음

※ 이후 조닝은 미국 대부분의 지방자치단체에서 토지 이용 규제 수단으로 채택되었으며 1926년 유클리드 판례에서 미국 연방대법원에 의해 합헌 판정을 받아 법적 지지를 마련하게 되었음

▣ 1916년 뉴욕에서 채택한 조닝 규제 체계는 용도, 면적, 고도를 동시에 하나의 시스템에서 규제하는 종합적인 방식으로 뉴욕의 1916 조닝 레졸루션(Zoning Resolution) 결의는 도시계획의 역사에서 중대한 사건으로 기록되며

오늘날에도 미국뿐만 아니라 독일, 일본, 한국 등 세계 각국에서 사용되고 있음

ㄱ. 초기 지역제의 출현 배경

- 북미 대륙은 영국의 식민지 시대부터 도시를 건설할 때 토지 이용 규제를 받아 1632년 1월 매사추세츠주의 케임브리지시에서 통과된 조례에는 도시 내 공터가 개발될 때까지 도시 외곽부에 어떤 건축물도 건립할 수 없다는 내용이 담겨 있었다가 19세기 후반경부터 조닝 코드가 근대 도시계획의 규제 수법으로 산발적으로 등장
- 1891년 미주리주에서는 대로에서 특정 사업을 금지시킬 수 있는 법률이 제정된 후 1893년 세인트루이스에서는 의류 산업을 금지하는 특정 지구를 지정. 1898년 매사추세츠주 보스턴시에서는 코플러 광장 주위의 건물 높이를 제한하는 법률을 통과시켰으며 1904년에는 보스턴시 전역에서 이와 같은 고도 규제가 확대 시행되어 이 법은 도시 전역에서 24.4m로 높이를 제한했으며, 상업 및 업무 지역에 대해서는 약 38m까지만 허용함
- 1880년대 캘리포니아주의 각 시에서는 중국인들을 격리시키기 위해 세탁소의 입지를 규제하는 조례를 마련했으며 이러한 규제 조치는 지역 분리의 발단이 되기도 하였으며 1889년에는 수도 워싱턴에서 고도 제한을 시작, 1909년 로스앤젤레스는 도시를 공업 지구와 주거 지구로 나누는 조례를 채택했음

ㄴ. 1916 조닝 레졸루션 조례

- 뉴욕 맨해튼의 이민자 증가로 부동산 수요 증가, 공급 토지 부족으로 건축물이 과밀하게 세워지기 시작했고 건축 기술의 발달로 초고층 건축물이 등장하면서 토지 이용 규제가 시급
- 건축물이 고층화되면서 화재, 재난 등 위험도가 증가하고 새로운 문제를 야기함. 실례로 1915년 브로드웨이 120번지에 건축된 이퀴터블 빌딩이 42층

높이까지 치솟으며 인접 부동산에 8,568평 크기의 그림자를 드리움에 따라 주변의 토지 가치를 하락시켰음

- 조례의 배경에는 5번 스트리트 협회민간조직이 있었는데 5번 스트리트가 뻗어나가는 지역에 상류층을 위한 고급 명품 쇼핑 지구의 이미지를 정착시키고자 하였으며 5번 스트리트 상인들은 이민자들의 상권 잠식을 막기 위해 조닝 코드를 지원함
- 1916 조닝 레졸루션 조례는 건축물의 높이, 용도, 면적에 대해 각 지구마다 서로 다르게 규제하는 종합적인 성격의 조닝 코드로 뉴욕시에서 조닝 코드를 채택한 목적은 초고층 건물을 제한해서 화재의 위험을 줄이고 채광과 위생을 보장하며 도로 체증을 감소시켜 부동산 가치를 보존함과 동시에 장래 발생할 수요를 대비한 것으로 최초의 종합적인 조닝 코드 조례로 평가됨
- 조닝 코드 채택으로 뉴욕시 5개 구(borough) 전역에 건축물과 토지 이용을 규제할 수 있는 종합적인 체계가 마련되어 뉴욕시는 토지와 건물의 용도, 건물의 높이, 부지 대비 건물의 점유율을 규제하기 위해 용도 지구를 다시 주거 지구, 업무 지구, 제약이 없는 지구 등 3개의 지구로 나누었음
  · 고도 지구에서는 건축물의 고도와 체적을 제한하고 규제하기 위해 6개의 지구로 나누어 금융 지역에서는 가로 폭의 최고 2.5배를 허용했으며, 다른 귀금속 업무 지역과 공업 지역, 해안가는 가로 폭의 2.0배 허용되었음. 또 고밀도로 개발된 임차인 아파트 지역은 1.5배, 외곽의 임차인 주택과 5번 스트리트는 1.25배였음
- 1916년 뉴욕시 조례 결정을 출발로 1926년까지 약 420개 자치체에서 조닝 코드 조례를 채택함
- 1916 조닝 레졸루션 조례는 수 차례의 수정에도 불구 1961년 새로운 조닝 코드 조례가 등장할 때까지 뉴욕, 특히 맨해튼의 도시계획 및 설계에 지대한 영향을 미치게 되었음

② 1961 조닝 레졸루션

▣ 1916 조닝 레졸루션이 지나치게 경직되어 커뮤니티의 변화를 따라가지 못하고, 자치단체의 개발 압력이나 지역 현지에서 필요로 하는 구체적인 요구에는 제대로 적응하지 못하자, 조닝 규제를 더욱 유연하고 종합적으로 집행할 필요성이 제기됨으로써 1961년 조닝 제도를 전면 재검토 세분화함

▣ 이 조례는 용도와 용적을 통합적으로 규제하고, 주차장 설치 기준이 도입되었으며, 공개공지의 설치를 강조하였음. 공공 공간을 유도하기 위해 추가적인 용적을 보너스로 제공하는 새로운 설계 수단인 인센티브 조닝(Incentive Zoning)과 건물 밀도 제어를 위한 용적률(FAR) 개념이 도입되어 뉴욕시 전역, 특히 외곽 지역에서 주거 용도의 개발 밀도를 크게 낮추는 데 기여함

※ 뉴욕시 개발이 최고조시 인센티브 조닝을 채택했는데 도시 내 쾌적성을 높이기 위해 광장을 제공하는 개발업자에게 당연한 권리로서 용적률을 추가해 주는 보너스 제도를 도입하여 1961년에서 1973년 사이에 뉴욕시에는 9만m^2의 공개공지가 공급되고 개발권 이양(Transfer of Development Right: TDR) 제도를 채택해 역사적으로 보존 가치가 있는 상징적 건축물을 보호할 수 있었음

ㄱ. 새로운 지역제 규제

- 1916년 지역제 조례는 무엇이 건축될 수 없는지를 사전에 예고하는 '네거티브 컨트롤(negative control)'인 데 반해 1961년 지역제는 각 지구에서 허용되는 용도를 상세하게 설명해 주는 '포지티브 컨트롤(positive control)' 방식
- 1961년의 조닝 코드 조례에서는 기존의 '일률적 높이 규제 방식' 대신 '건축선 후퇴 방식'을 채택. 이 새로운 방식은 타워형 고층 건물을 출현시키면서 현대 건축에 새로운 도시 건축 양식을 출현시켰는데 이 배경에는 뉴욕시 경제를 활성화시키려는 목적이 있었음

ㄴ. 1961년 뉴욕 지역제의 내용

- 건축물을 용적률로 제약하고 건축선 후퇴로 공지를 확보하려는 목적. 건축물의 볼륨은 제한하지만 건물 형태의 유연성은 증대시킨 정책으로 건물 높이와 건축선 후퇴를 규제해서 '웨딩케이크' 또는 '계단형 건축물'을 양산하

게 됨

- 일정 조건 충족시 용적률의 증가를 인정하는 두 가지 유형으로 '플라자 보너스(Plaza Bonus)'와 '스페셜 디스트릭트 보너스(Special District Bonus)'가 있었음
  - 플라자 보너스 제도는 고밀도 지구에 플라자와 아케이드를 설치하면 별도의 절차 없이 용적률을 높여 주는 제도
  - 스페셜 디스트릭트 보너스 제도는 도시계획위원회가 지정한 특별 지구로서 지구 단위의 특성을 살릴 수 있는 도시환경을 창출한다는 목적으로 멋있게 디자인된 시설, 예를 들면 극장, 호텔, 주택 등에 대해 도시계획위원회의 재량에 따라 최고 44%까지 용적률 증가를 인정해 주었음. '특별 지구'는 '극장 특별 지구', '그리니치 스트리트 특별 지구', '5번 스트리트 특별 지구' 등임

ㄷ. 인센티브 조닝, 개발권 이양, 계획 단위 개발, 택지 분할 규제

▣ 인센티브 조닝

- 가장 새로운 기법 중의 하나인 인센티브 조닝은 시민에게 쾌적성을 제공하는 개발업자에게는 법적으로 허용된 기본 용적률 이상의 연상 면적을 보너스로 제공할 수 있게 하여 예를 들면 개발업자가 어떤 지역에 새로운 '공개공지'를 제공하고자 상세한 공개공지 조성 시방서가 작성된 공원을 조성한다면 개발업자에게 용적률을 20% 더 제공
- 도로, 공원, 광장 등을 정비하고, 시가지 기반 시설을 확보하며 여러 개의 부지를 집단적으로 이용하는 동시에 사선 제한 등에 의한 부정형의 건축 형태를 피할 수 있는 장점이 있음

▣ 개발권 이양과 역사 지구 보존

- 개발권 이양(Transfer of Development Rights: TDR) 제도는 어떤 특정 지역을 보호하거나 역사적 건축물을 보존하기 위해 어떤 부지에서 개발 가능한 규모의 용적률을 제한하는 대가로 개발 가능 규모에 대한 권리, 즉 '개발권'을 다른 부지로 이전하고, 이전받는 부지에서 규제 완화 혜택을 보게 하는 제도

로 상징적 건축물 때문에 개발이 제한되는 토지 소유주에게 보상하기 때문에 '수용'이라는 문제를 피할 수 있으며 시는 개발을 규제하거나 완화하면서 수용권을 행사, 재정 부담과 재산세 손실을 줄일 수 있음

- 개발권 이양의 대표적 예는 뉴욕 그랜드 센트럴 터미널

▣ 계획 단위 개발

- 계획 단위 개발(Planned Unit Development: PUD)은 많은 수의 주택을 공급하면서 집단화된 주택, 공동을 위한 개방 공간의 제공, 밀도의 증가, 건물 형태와 토지 이용의 혼합이 가능한 개발 방식으로, 개별 부지 단위에 근거한 전통적인 조닝 코드로는 대규모 개발에 효과적으로 대처할 수 없었기 때문에 용도의 혼합이 가능한 '계획 단위 개발'이 인기를 끌었음.
- 계획 단위 개발은 부지 단위의 접근 방식이 아닌 대상 구역 전체 토지에 대해서 계획한 후 계획 구역 전체를 한 번에 승인받음. 계획 단위 개발은 주거지 개발에 흔히 사용되지만 쇼핑 센터, 공업 및 업무 지구, 복합 용도 개발에도 활용

▣ 택지 분할 규제

- 택지 분할은 하나의 부지를 양도 또는 건축하기 위해 2개 이상의 부지로 나누는 행위로 택지를 분할하게 되면 분할된 택지는 재개발이 될 때까지 그대로 그 형상이 남아 있으면서 지속적으로 커뮤니티의 형태를 이루고 도시 전체의 특징에 영향을 미침. 역사적으로 토지 분할의 일차적 목적은 토지를 판매하고 양도하기 위한 방법으로 등장
- 택지 분할 규제는 개발업자에게 공원, 학교 부지, 단지 내 도로 등의 기반 시설을 제공할 것을 요구하는 조항을 추가했음

③ 형태 중심 코드

구분	기존 도시계획과 조닝 제도	형태 기반 코드(FBCs)
제도 원리	- 자동차 중심 - 개별 토지 이용	- 복합 용도 - 보행 중심 - 개발의 밀도성
구성상 특징	- 단일 용도 지구	- 도시공간 위계 규명의 공간 중심
주요규제	- 용도	- 물리적 형태 및 특성 - 용도(부차적)
적용	- 개별 제안에 대응 - 개발을 위한 규제	- 커뮤니티 비전 선행적 대책 - 장소 창출을 위한 규제
규제내용	- 허용되지 않는 개발 내용 기술 - 밀도와 용적률 수치적 기준 제시	- 요구되는 개발 내용 기술 - 건축선, 최저/최고 높이 등 요구 - 사항 기술

▣ 형태 중심 코드(Form-Based Code)는 건물 형태가 코드에 의해 결정된다고 가정하는 것. 과거 조닝 코드와 필지 구획 코드의 법적 논리는 새로운 개발이 초래하는 오염, 소음, 교통 체증, 그리고 채광, 공기, 경관 차단 등의 부정적인 결과로부터 인접한 소유주와 투자자를 보호하는 목적임

▣ 새로운 코드는 특별 극장 구역, 링컨 센터 주변의 개발 형태를 유도하기 위한 링컨 스퀘어 특별 구역, 상업가로의 전면부를 보전하기 위한 5번 스트리트 특별 구역, 브루클린 하이츠에 지정된 역사 구역의 건물 높이 규제 등을 포함함

▣ 특별 구역에서 만들어진 가장 중요한 법규는 건축 유도선(built-to line)으로, 건축후퇴선(setback line)의 반대 개념으로 건축 유도선과 최대 블록 둘레는 기존의 조닝 코드와 필지 구획 코드보다 더 나은 시스템을 고안하며, 규제 목표를 충족시키되 여전히 다양한 바람직한 환경을 조성할 수 있음

▣ 건축 유도선과 건축 후퇴선을 사용해 다양한 주택 유형의 조성을 유도한다면 보행이 용이한 이웃에 다양한 규모의 주택 혼합을 이루어 낼 수 있음

ㄱ. 건축 유도선

- ▣ 건축 유도선은 건물 전면 파사드가 부지 전면의 필지선 또는 코드에 의해 통일된 건축선에 맞추어 시공되어야 함을 요구하는 개념. 동일한 경제적 인센티브가 없을 수도 있는 상황에서 가로를 따라 통일된 가로 전면부를 조성한 파리의 건물 높이 규제의 효과를 공식화하여 전통적인 건축 후퇴선이 건축 유도선에서 건물 높이 규제에 사용될 수도 있음
- ▣ 건축 유도선은 1979년에 작성된 배터리 파크 시티 코드의 주요한 부분으로 배터리 파크 시티 코드는 가로 전면 벽을 조성하기 위해서뿐만 아니라 고층 타워의 배치를 규제하기 위해서 건축 유도선을 사용했음

ㄴ. 스마트 코드

- ▣ 단일 소유권하에서 계획된 개발을 위한 코드를 작성했고 또한 하나의 커뮤니티 내에 상이한 부동산 개발 계획을 갖고 있는 경우 조닝에 스마트 코드(Smart Code)를 추가로 활용하려고 노력하고 있음
- ▣ 스마트 코드는 구체적으로 물리적인 형태를 유도하고 있으나, 그 방법은 미리 형태를 규정하는 것으로 각각의 가능한 상황을 예상하고 그것을 위한 규칙을 쓰고 있음

ㄷ. 맥시멈 블록 페리미터(Maximum Block Perimeter)

- ▣ 새로운 개발에서 보행 환경을 확보하는 간단한 방법으로 예를 들어 1,800ft(549m)의 최대 블록 둘레의 경우, 700×200ft(213×61m)의 블록으로 주택을 배치할 수 있고 450×450ft(137×137m)의 블록으로 대형 건물을 지을 수도 있으며, 다른 많은 치수들을 조합할 수도 있는 제도임

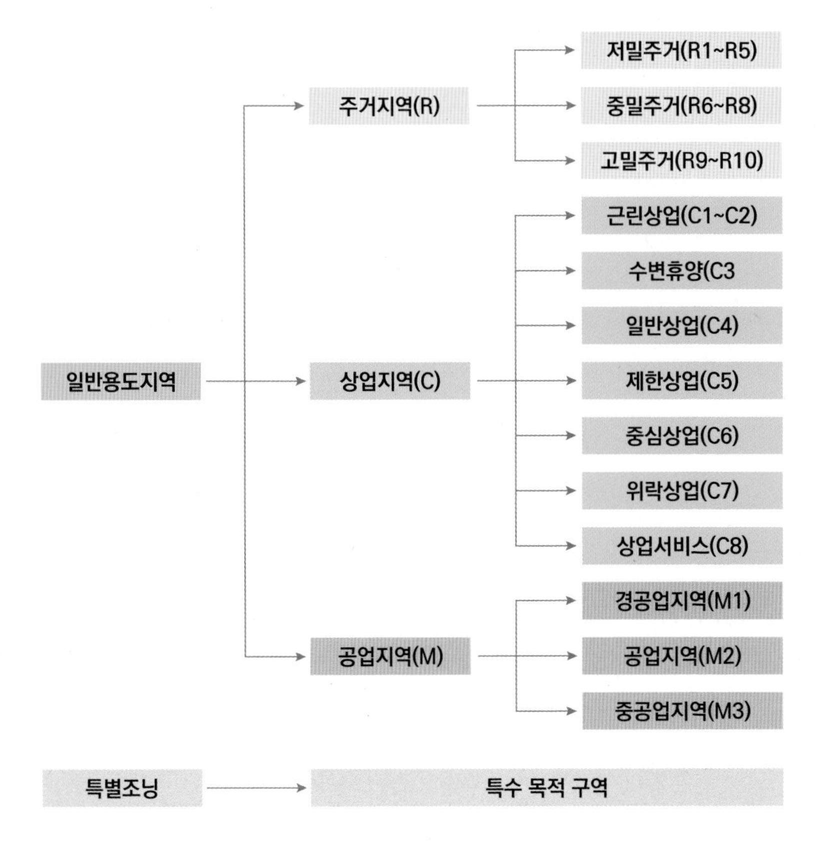

• 뉴욕 용도 지구별 내용

출처: 국토연구원, 대도시내 준공업지역 정비의 방향설정에 관한 기초연구 재인용

▣ 이 간단한 규칙은 건물 보도와 가로 폭의 합리적인 필수조건과 함께, 보행에 적합한 가로와 연결된 격자 구조의 조성을 보장할 수 있으며 이 규칙은 설계안을 미리 결정하지 않으면서도 건물 유형, 지형, 그리고 많은 다른 개발들의 경계에서 적용이 가능함

④ 용도 지역 현황

▣ 뉴욕시 조닝은 크게 일반적인 용도 지역제인 오디너리 조닝(Ordinary Zoning)과 용도 지역제를 보완하기 위한 스페셜 조닝(Special Zoning)으로 구분

- 오디너리 조닝은 크게 주거(R), 상업(C), 공업(M) 지역으로 구성되며 각각 중분류와 소분류를 통해 2014년 현재 주거 지역 44개, 상업 지역 73개, 공업 지역 16개로 세분화되어 있음
- 스페셜 조닝은 환경 보존, 가로 활성화, 역사 보존, 복합 용도 도입 등 각각의 목적에 따라 세분화

(5) 주요 사건

① 펜실베이니아역(1910~1963년) - 랜드마크 보존법 탄생 배경

▣ 1910년 완공된 구 펜실베이니아역은 뉴욕시의 역사적인 철도역으로 1950년대에 들어서면서 당시 역의 운영권을 쥐고 있었던 펜실베이니아 레일로드사에 의해, 기존 건물의 철거 및 재개발 계획이 세워지게 됨

• 펜실베이니아역 외관(왼쪽)과 내부(오른쪽)*

▣ 당시 상당한 얼룩과 때가 역사의 내 외부를 덮고 있었기 때문에 회사측에서는 헤드하우스와 열차 창고 등을 철거하고 사무실과 스포츠 복합 시설을 건축하려 했으나 많은 시민단체와 언론이 기존 역사의 철거를 반대했음. 1963년 보자르식과 신고전주의 양식이 절충된 아름다웠던 건물은 결국 철거됨

▣ 뉴욕시는 철거가 진행 중이던 1965년 펜실베이니아역과 같은 사례를 예방하기 위해 랜드마크 보존법을 제정하기에 이르러, 법은 단순히 랜드마크 건물뿐만 아니라 커뮤니티를 지정한 후 이를 보호하는 내용도 포함하고 있음

▣ 1년 뒤인 1966년에는 중앙 정부 차원에서 '역사자원보호법'이 통과되며 이로 인해 그랜드 센트럴역은 1976년 랜드마크로 지정되면서 이후 철거 논란이 발생했을 때 법에 의해 보호받을 수 있었음

▣ 철거된 옛 펜스테이션 자리에는 다목적 실내 경기장인 메디슨 스퀘어 가든을 얹고 현재의 메디슨 스퀘어 가든 빌딩을 세우면서 현재 미국 내에서 가장 이용객이 많은 역이 되었음

② 그랜드 센트럴 터미널: TDR 판례

▣ TDR 계획에 관한 또 하나의 중요한 판결로는 뉴욕시와 펜 센트럴 트랜스포테이션(Penn Central Transportation)사와의 역사 보전과 개발권 이양 소송 사건이 있음

▣ 뉴욕시는 주의 수권법에 따라 동 시내의 역사적 건조물을 보전하기 위해 1965년 랜드마크 보존법을 제정하였으며 이 사건의 원고는 1967년에 역사적 건조물로 지정된 그랜드 센트럴 터미널의 소유자인 철도회사임

▣ 1968년에 철도회사는 부동산회사와 당해 토지의 임대 약관을 체결 후 역사 상부에 고층 빌딩의 건설을 계획하고 보전위원회에 50층의 사무용 빌딩 건설 계획 승인을 신청하였으나 거부당하였음

▣ 최종 연방대법원은 5 대 3으로 뉴욕주 대법원의 판단을 지지하여 당해 조례를 합헌으로 판시하였음

- 이 사건에서 문제된 사항의 하나는 역사 보전을 위한 TDR 제도에 대해 연방대법원이 첫째로 합헌성 판단에 있어 이익 형량 기준에 따라 형량을 행함에 있어 입법 목적인 역사 보전에 커다란 비중을 두었으며, 둘째로 이 사건의 TDR이 규제를 받는 자의 경제적 부담을 완화하는 제도로 적극적으로 평가되어 재산적 가치가 긍정적으로 되었다는 점임

※ 역사 보전과 개발권 이양 사례

- 개발권 이양(TDR)은 개발 가능한 면적을 다른 건물이나 지역으로 이전하여 사용하는 것으로 인근 저층건물의 공중권(Air right)을 매입하여 다른 건물을 용적률이 초과한 초고층 건물로 개발할 수 있음
- 개발 이익 및 공적 가치와 도심 내 역사적 건축물 보전에 대하여 긍정적인 제도

- 메트라이프(Met Life) 빌딩이 그랜드 센트럴 터미널의 공중권을 매입하여 초고층 빌딩 건설에 성공한 것이 대표적인 사례
- 2005년 뉴욕시는 하이라인 지역을 특별 지역으로 지정하고 고가 철도 아래 토지 소유주에게 개발권을 이양해 손실을 보상함으로써 갈등을 해결하고 2009년 하이라인 공원이 개장됨
- 당시 첼시 지역의 약 3만 7,200m²에 달하는 공중권이 매각되었고 가격은 2,150~4,300달러/m²에 거래됨

2. 최근 뉴욕 도시 재생의 트렌드

(1) 최근 도시 재생의 방향: 공공과 민간의 협력을 통한 적극적 개발

▣ 뉴욕시의 도시 개발 정책 기조는 2000년대 들어 적극적 개발로 선회

▣ 특히 일자리 창출 및 인프라 구축을 위해 뉴욕시 전역에서 용도 변경을 통한 도심 재개발이 활발하며, 시와 함께 민간 자본이 적극 참여하고 있음

▣ 뉴욕은 공공 부문이 개발 주체로 사업 전면에 나서 과감한 인센티브 제공. 도시 기반 시설에 대한 투자를 통해 민간 참여가 가능한 시장 환경을 선도적으로 수행

▣ 또한 지역의 인프라 구축에서부터 공원 조성, 주상복합 빌딩 건설 등의 도심 재생 프로젝트, 해안가, 부두 등의 미개발 지역에 대한 개발 사업, 브라운필드(brownfield) 개발 사업들이 진행 중임

▣ 뉴욕시가 이렇게 적극적으로 도시 재정비 사업을 추진하게 된 이유는 블룸버그 시장의 정책과 9.11 테러 복구 사업에서 찾을 수 있는데, 2002년 1월 108대 뉴욕 시장으로 정식 취임한 블룸버그는 기업가의 노하우를 시정에 활용했음

▣ 이러한 도시 재생 및 개발 사업으로 1980년대 배터리 파크 시티 이후 뉴욕시 최대 도시 개발 사업인 허드슨 야드(Hudson Yards) 개발 계획, 제2의 실리콘 벨리를 위한 루스벨트 아일랜드(Roosevel Isaland) 개발, 쇠퇴 산업 단지인 브루클린 네이비 야드(Brooklyn Navy Yard), 브루클린 덤보(Brooklyn Dumbo) 재생 개발, 브루클린 다운타운(Brooklyn Downtown) 재개발 계획, 브롱스

(Bronx) 터미널 시장 재개발 계획 등을 추진함

▣ 특히 9.11 테러에 의해 파괴된 월드 트레이드 센터(Word Trade Center)와 그 주변 지역의 재생을 위해 공공의 개입이 시급해졌고 이를 위한 재건 계획이 추진되었는데 더불어 뉴욕시 전반에 대한 대대적인 도시정비 계획이 이루어짐

▣ 현재 뉴욕시에서 추진 중 사업과 추진이 결정된 사업은 총 53개 이상이며 향후 해안가 등 미개발 지역에서 추가적인 사업이 진행될 것으로 예상

(2) 뉴욕 도시 기본 계획(PlaNYC)

▣ 현재 추진되고 있는 뉴욕시의 도시 재정비에 기본적인 틀을 제공하는 것이 뉴욕시의 도시 기본 계획으로 2006년에 수립된 PlaNYC. 지하철은 건설한 지 100년이 지났고, 하수도·전력 시설도 노후화해 국제적 대도시의 명성에 걸맞지 않는다는 지적이 제기되는 등 노후한 뉴욕에 대한 위기의식에서 출발

▣ 이러한 인식을 반영하여 뉴욕시가 당면한 문제로 급격한 인구 증가와 사회 기반 시설의 노후화, 공해 문제를 꼽고 이를 해결하기 위해 3대 목표와 10대 과제를 설정하였음

(3) 2030년 뉴욕시 지향 미래상 'A Greener, Greater New York' 의 3대 목표

① 모두에게 잘살 수 있는 기회가 제공된 열린 뉴욕(OpeNYC)

② 100만 호 주택 건설, 대중교통 확충, 어디서나 도보로 10분 내 공원 접근 가능 등 3개 주요 추진 과제

③ 환경 개선 및 공공 공간 확대

(4) 도시 기반 시설의 적절한 유지·보수·확충: 잘 정비된 뉴욕(MaintaiNYC)

▣ 상하수도 시설 개보수, 도로·지하철·철도 등 교통시설 업그레이드, 에너지 공급시설 확충 등 3개 주요 추진 과제

(5) 청정한 환경 속의 뉴욕(GreeNYC)

▣ 공해 30% 감축, 미국 내 가장 청정한 도시 건설, 뉴욕 내 오염지구 완전 제거, 강·항구·만 주위의 수변 공간 90%를 시민 여가 활동 공간으로 개방 등 4개 주요 추진 과제

▣ 도시 재정비 관련 뉴욕 플랜 주요 과제

구분	과 제	계획 및 전략
주택	정부 주도 용도 재설정	- 대중교통 접근도 높은 지역 용도 상향 - 수변 지역 용도 재설정 및 재개발
	공공 용지 주택 건설	- 주차장 주거지 전환 - 공공 건물 주거용 전환
	개발 가능 용지 탐색 및 발굴	- 주거 용지 발굴 및 개발 - 대중교통 및 도시 기반 확장
	서민 주택 공급 확대	- 중산 계층 주택재정 정책 도입 - 소득 계층 주거 혼합 용도 지역 설정 - 핵가족용 주택 보급
공공 공간	공공 공간 확충	- 학교 및 미사용 운동장 개방 - 운동 시설 확대 - 개발 예정 공원 완공
	이용률 및 이용 시간 확대	- 기존 공원 시설 다목적화 - 조명 시설 확충
	주민 플라자 조성 및 경관 미화	- 주민 광장 및 녹지 설정
브라운필드	오염지 정화	- 오염지 정화 지침 마련 - 브라운 필드 계획 및 재개발 부처 설립 - 선전 비용 및 시간 절감
	프로그램 참여 권장	- 오염지 정화 프로그램 참여 확대 - 정부 감찰 프로그램 마련 - 개발업자 정화 비용 펀드 마련
	커뮤니티 참여 도모	- 브라운필드 기회 지역(BOA) 개정 - BOA 프로그램 커뮤니티 교육
	오염 지역 조사 및 선정	- 정화 필요 용지 선정 - 오염지 토지 정화 비용 감액

구분	과 제	계획 및 전략
교통	대중교통 시설 개선 서비스 개선 및 확충	- 상습 정체 구역 확대안 마련 - 맨해튼 통근 철도 노선 확대 - 미개통 구간 연결
	기존 교통시설 확충 및 개선	- 버스 전용차로 확대 - HOV 전용도로 설치 - 버스 연계 방안과 환승 시설 개선 및 확충 - 도보 자전거 도로 개선
	지속가능한 교통 수단	- 수로 통근 시설 개선 및 확충 - 자전거 도로 확장
	도로 교통 정체 해소	- 혼잡 통행료 추징 시험 운영 - Muni Meter 확대 시행 - 교통법규 위반 제재 강화
	도로 및 대중교통 체계 정비	- 정비 자금 확보 - 도로 정비 비용 절감 방안 모색 - 터널 및 교량 개선
	신규 자금 확보 방안	- 주정부 협업 스마트 금융 기관 설립 및 운용

3. 뉴욕시 도시 재생과 복합 개발 특징

(1) 공공의 선도적 역할 - 공공의 적극적 개발 참여 사업 진행 가능한 환경 조성

▣ 일자리 창출, 도시 경쟁력 강화 차원에서 공공 주체가 적극적으로 추진하였으며 개발 주체로서 선도적 역할을 수행하고 있음

▣ 뉴욕은 경제, 인적 자원 등의 경쟁 우위를 바탕으로 도시 경쟁력 세계 1위권을 유지하고 있으나 거주 환경 , 교통 접근성 등 인프라에서 높은 평가를 받진 못하자 뉴욕시의 미래에 대한 뚜렷한 방향 설정과 전략을 통해 단순한 재개발이 아닌 도시 경쟁력 제고 차원에서 대규모 개발들을 추진함

▣ 공공의 역할 측면에서는 공공이 개발 주체로 사업 전면에 나서 마스터플랜 수립, 도시 기반 시설에 대한 투자, 과감한 인센티브 제공 등을 통해 민간 참여를 적극 유도함

(2)공공과 민간이 윈-윈 구조

▣ 공공이 집중적인 초기 투자로 사업의 토대를 마련하고 동시에 사업 전반을 체계적으로 관리하여 장기적인 안정성과 공공성을 높이는 방식

- 도시 기반 시설 투자를 적극적으로 담당하고, 개발공사를 활용하여 공공 토지를 판매하지 않고 장기 임대 후 임대료 수익을 추구하는 등 사업 전반을 관리. 공공과 민간이 함께 하는(공공의 선지원, 민간 재원 조달 및 사업성 제고) 윈-윈 구조 달성

▣ 민간에 인센티브를 부여하여 사업이 진행됨으로써 공공이 원하는 목표를 달성하는 윈-윈 구도를 구축

▣ 세제 인센티브를 유동화하여 재원으로 활용하는 것에서 전형적으로 나타나고 있는데 배터리 파크 시티 개발에서 공공 개발 주체를 기반으로 세제 인센티브 및 장기 임대 방식의 운영을 통한 재원 조달 모델에 성공하면서 뉴욕시 대규모 개발 사업에 적극적으로 활용되고 있음

- 대표적인 예로 PILOT(Payment in lieu of Taxes) 제도는 연방정부에서 운영하고 있는 제도로 지방정부에 위치한 연방정부의 비과세 토지로 인한 재산세 손실을 연방정부에서 일정한 비용을 지급하여 보상해 주는 제도

- 이런 제도가 확장되어 미국의 많은 주에서 비영리 단체나 공공에 기여하는 자산은 재산세 과세 목록에서 제외하고 약정 납입금을 냄

▣ 뉴욕시는 도시 재생, 개발 방식에 적극 적용, 민간 투자자에게는 낮은 수준의 약정 비용을 징수하며 그 징수 권리를 해당 개발의 공적 주체에 부여하여 사업 재원으로 활용하도록 하는 방식으로 운영됨

▣ 대부분의 제도가 시장 참여자 모두가 윈-윈 가능한 구조로 설계되어 있어 EB-5(투자이민제도)는 공공은 사업 진행과 일자리 창출이라는 혜택을 얻고 민간은 초저금리 자금을 조달할 수 있는 구조

(3) 다양한 재원 조달 방식과 유동화를 통한 사업 구조

▣ 기부금, EB5, PILOT 등 프로젝트에 따라 다양한 재원 조달 및 유동화 기법

▣ 전형적으로 개발 지역의 도시 기반 시설을 위한 초기 투자 재원을 개발공사를 통한 장기채권 발행으로 확보하고 이후 적극적 민간 투자 유치 및 개발 수익을 통해 공공 투자 재원을 회수하는 장기적인 선순환 구조

▣ 다양한 재원 조달 방식을 활용하여 사업을 추진

- 투자 재원에 있어서는 정부 예산, 민간 투자 외에도 기부금, EB-5 자금 등 다양한 수단을 활용
- 직접적 재원 외에 해당 사업에 대한 세제 인센티브를 재원으로 활용하는데 대표적으로 PILOT가 적용되는 사업에서는 재산세 대신 수납하는 약정 납입금(payment)을 재원으로 활용
- 재원 조달과 관련되어 두드러지는 사업 구조는 사업과 관련하여 미래에 장기적으로 예상되는 금액을 유동화하여 재원을 마련하는 것임

(4) 사업 주체로서 도시개발공사 활용 - 폭넓은 권한 부여

▣ 해당 사업을 위한 별도의 개발공사를 활용하여 실질적으로 사업을 추진하며 이들 공사에 뉴욕시 및 뉴욕주의 관련 부서가 직접 참여

- 애틀랜틱 야드 사업의 경우 뉴욕주도시개발공사가 허드슨 야드 사업에서 허드슨야드기반시설개발공사를 설립하여 사업을 진행

▣ 공사들은 뉴욕주 비영리 기관법에 의해 설립된 기관으로 공공 주도형 도시 개발에서 큰 역할을 담당하고 있음

- 주정부와 지방정부의 규제로부터 자유롭고, 토지 수용권, 자체적 채권 발행
- 사업의 주체로서 주정부의 채무 한도에 국한되지 않는 사업 단위의 별도 채권을 발행하여 투자 재원을 마련하고 있음

(5) 유연한 도시계획 규제(TDR, 탄력적인 용적률 인센티브 등 유연성 정책 규제)

▣ 공공 투자에서 다양한 재원 조달이 핵심이라면 민간 투자에서는 도시계획 규제의 유연성이 핵심 요소가 됨

- 도시 재생 사업에서 도시계획 규제는 사업을 규제하고 규율하는 취지가 아

니라 사업의 성공률을 높이기 위해 활용될 필요가 있음
- 이러한 관점에서 하이라인 파크 사업의 개발권 이양 제도, 허드슨 야드 사업의 용적률 인센티브를 주목할 필요가 있음

▣ 하이라인 파크 사업은 일종의 문화재 보존을 통한 공원 조성 프로젝트로서 이러한 공익사업은 이해 당사자들의 이해관계 조정이 사업의 성패를 결정함
- 개발권 이양 제도를 적극 활용하여 성공하였으며 개발권 이양 가능 지역을 하이라인을 포함하여 100ft(30.5m)까지 설정하고 하이라인 특별 목적 지역 내에 한하여 개발권 이양을 허용함으로써 활발한 민간 개발이 이루어질 수 있는 토대를 제공하며 지역과 조화를 이루는 빌딩 전면 높이 규제 및 오픈 스페이스 확보를 통해 공익적 요구를 조화시킴

▣ 용적률 인센티브는 전통적으로 도시계획 규제의 경직성을 보완하기 위해 공공이 요구하는 공공성 대신 민간에게 제공되는 대가로 활용됨
- 용적률을 상향시키는 수단 또한 개발권 이양, 현금 기부, 공공 오픈 스페이스 제공, 중·저 소득층을 위한 지불 가능 주택 공급 등으로 다양함

(6) 지역사회에 대한 사회 통합적 배려

▣ 도심지 내 슬럼화 제거를 위해 급진적으로 진행된 도시 재개발과 같이 많은 사회적 비판을 받은 철거 위주의 도시 재개발 사업이 야기한 문제를 극복하기 위해 다양한 사회 통합적 조치들을 시행
- 애틀랜틱 야드 사업시 주거 이전을 줄이고 토지 수용을 피할 수 있는 방안으로 공공 소유인 기존 철도부지 상부를 이용한 개발 방식을 채택하여 주거 이전과 토지 수용권의 활용을 최소화함
- 불가피한 주거 이전에 대해서는 공공 부문이 적극적으로 이주에 대한 직접적인 재정적·행정적 지원, 대체 주거지 임대, 비용 보전 등의 이전 지원 정책을 활용
- 지불 가능 주택의 제공, 20/30/50 프로그램 등을 통해 중·저 소득층을 위한 다양한 주거 기회 제공

- 브롱스 웨스트 팜에서도 LIHTC(저소득주택세금면제)를 활용하여 효율적인 사업 추진을 위한 재원 조달과 취약 계층을 위한 임대주택 공급

4. 뉴욕시 도시 재생 및 관련 기관

(1) 뉴욕시 도시계획국(NYC Department of City Planning)

▣ 뉴욕시 도시계획국은 시장 직속 산하기관이며, 뉴욕시의 체계적인 성장과 개발(Orderly Growth and Development)을 위한 계획과 규제를 담당

▣ 뉴욕시 토지 사용에 대한 검토 및 규제 집행을 관리하며 현재 약 300명의 인원이 근무하고 있음

▣ 도시계획과는 시의 물리적, 사회경제적 계획의 책임을 가지고 있으며 토지 이용 및 환경 검토, 계획과 정책의 준비, 정부기관, 공공기관 및 지역사회에 기술 지원과 정보를 제공할 책임이 있음. 최근에는 수많은 계획을 통해, 2030년까지 900만까지 늘어날 것으로 예상되는 인구 증가에 대응하는 성장 지역을 규명함과 동시에 과거의 토지이용 규정을 현재의 지역사회에 맞추어 시의 조닝 계획을 검토, 재편함

(2) 도시계획위원회(City Planning Commission)

▣ 총 13명의 위원으로 구성된 도시계획위원회의 위원 중 7명은 시장이 임명하고 5명은 뉴욕시 각 버러의 장(Borough President)이 임명하며 나머지 1명은 뉴욕시의 공익옹호관(Public Advocate)이 임명함

▣ 위원회는 토지 사용에 대한 변경 신청을 검토하며 안건에 대한 투표를 시행하여 허가 여부를 결정하는데, 도시계획국의 국장(Director)은 위원회의 의장(Chairman) 직을 겸임함. 센트럴 오피스 본부에는 약 200명, 각 버러 오피스에는 약 100명의 직원이 근무하고 있으며, 버러 오피스는 해당 버러에서의 도시계획 사업에 대한 감독·관리를, 센트럴 오피스에서는 전체적인 총괄

및 지원을 함

▣ 주요 업무

① 도시계획(Urban Planning)

② 건축 및 디자인(Architecture & Design)

③ 환경 분석(Environmental Analysis)

④ 인구 조사 및 통계(Population and Demography)

⑤ 교통 계획(Transportation Planning)

⑥ 해안·부둣가 계획(Waterfront Planning)

⑦ 경제 분석(Economic Analysis)

⑧ 지역사회에 대한 참여 사업(Community Engagement)

⑨ 자본 계획(Capital Planning)

⑩ 지리정보체계 구축 및 분석(Geographic Information System & Analysis)

(3) 뉴욕시 경제 개발 재건 사무소(The Mayor's Office for Economic Development and Rebuilding)

▣ 각 구청의 개발과 재생을 지도, 조정하는 사무소로 조닝, 역사 보존 지구지정, 경제 개발 등 다양한 이슈로 인해 발생한 서로 다른 프로젝트 간의 조정 업무

(4) 뉴욕시 경제 개발 기업(New York City Economic Development Corporation, NYCEDC)

▣ NYCEDC는 뉴욕시와의 연간 계약을 통해 도시의 자산을 활용하여 성장을 촉진하고 고용을 창출하고 삶의 질을 향상시킴으로써 경제 발전을 촉진하고 구현하기 위한 도시 관련 비영리 단체

▣ 역할

- 경제 활성화를 위해 공공, 민관 간의 파트너십을 활용하여 부동산을 개발
- 뉴욕시, 비영리 단체, 영리 목적의 민간 부문에 비즈니스, 경제 및 정책에 관

한 조언을 제공하고 글로벌 기업과 전문가를 자문단으로 유지 관리
- 제조 및 물류 거점 및 기타 인프라를 포함한 시의 자산 관리
- 새로운 일자리와 수익을 창출하기 위한 기업 및 비영리기업의 금융 조달
- 경제 전략 분야의 성장을 촉진하고 유지하기 위한 연구

(5) 뉴욕시 랜드마크 보존 위원회(New York City Landmarks Preservation Commission)

▣ 뉴욕시 랜드마크 보존위원회는 뉴욕시 역사의 주요 물리적 요소 중 하나인 건물들이 재생됨에도 불구하고 계속 유실되고 있다는 우려에 따라 1965년 설립됨

▣ 1963년 펜실베이니아역의 건축적 특징이 사라진 사건 등으로 인해 시의 건축적, 역사적, 문화적 유산을 보호하고자 하는 공공의 인식이 증가함

▣ 설립된 이래로 5개 자치구 내에서 1,150개의 개별 건축물과 80여 개의 역사지구를 지정함

(6) 공원 및 위락시설 관리국(The Department of Parks and Recreation)

▣ 뉴욕시의 14%에 달하는 2만 9,000ac 토지를 대리 운영하고 있으며 여기에는 양키스 스타디움과 센트럴 파크에서 커뮤니티 가든과 그린 스트릿에 이르는 4,000여 개의 사유지도 포함됨. 공공 운동 시설을 주로 관리하며, 60만 그루의 가로수와 200만 그루 이상의 공원목을 돌봄

(7) 뉴욕주 보존협회(The Preservation League of New York State)

▣ 1974년 설립된 PLNYS는 뉴욕 주 전체 지역사회의 민간, 공공 단체와 기관, 개인으로 구성된 역사 보존 활동 지원 단체로 2002년에는 갠스버트 시장 전체를 주정부와 연방정부의 역사 지구 목록에 올리고 2002년 '지켜야 할 7곳'으로 명명

▣ 정규 기관은 아니지만 보존 지정 관련 상당한 영향력 행사가 가능

5. 미국 주요 디벨로퍼의 현황

(1) 더 릴레이티드 컴퍼니스(The Related Companies)

대표	Stephen M. Ross 회장
설립 연도	1972년, New York, New York
종업원	약 3,000명
실적	고급 주거, 상업, 사무 등 전 세계 7,000개발프로젝트 시행
주요 프로젝트	The Time Warner Center, Hudson Yards Project 등
주요 지사	미국 보스턴, 시카고 등 주요도시 및 해외 아부다비, 상해 등

(2) 하인스(Hines)사

대표	Gerald D.Hines
설립 연도	1957년, Houston
종업원	약 3,600명
실적	고급 주거, 상업, 사무 등 전 세계 1,204개발프로젝트 시행
주요 프로젝트	53W 53, 56 Leonard, 7Bryant park 등
주요 지사	미국 보스턴, 시카고 등 주요 도시 및 30여 개 국
	90조의 자산 관리

(3) 실버스타인 프로퍼티스(Silverstein Properties)사

대표	Larry Silverstein
설립 연도	1957년, New York, New York
실적	고급 주거, 상업, 사무 등 뉴욕 개발프로젝트 시행
주요 프로젝트	World Trade Center, 120 Wall Street, Americas Tower 등

(4) 더 트럼프 오거나이제이션(The Trump Organization)사

대표	Donald Trump
설립 연도	1923년, New York, New York
실적	고급 주거, 상업, 사무 등 개발프로젝트 시행
주요 프로젝트	Trump International Hotel and Tower, Trump Tower 등
종업원	2만 2,450명

(5) 엑스텔 디벨롭먼트 컴퍼니(Extell Development Company)사

대표	Gary Barnett
설립 연도	1989년, New York, New York
종업원	약 150명
실적	고급 주거, 상업, 사무 등 미국 위주 개발프로젝트 시행
주요 프로젝트	One 57, Central Park Tower 등

4

뉴욕의 주요 랜드마크

1. 배터리 파크 시티

오피스, 주거, 상업, 문화 융복합 도시 재생

1. 프로젝트 개요

▣ Battery Park City. 도시 개발의 대표적 성공 사례 중 하나로 1950년대 후반 무렵 황폐해지기 시작한 항구 지역인 뉴욕 로어 맨해튼 서쪽의 허드슨 강변에 1960년대 초에 주변 지역을 매립해서 국제적인 업무 기능과 이를 지원하기 위한 주거 기능을 중심으로 11만 3,000여 평의 오피스·주거·상업·문화·공공 시설을 개발한 융복합 도시 재생 개발 사업

▣ 워터프런트 개발의 성공 사례 중 하나로서 넬슨 록펠러(Nelson Rockefeller) 뉴욕 주지사가 1968년 배터리 파크 시티 개발공사(Battery Park City Authority)를 설립함으로써 본격적으로 추진되었으나 1970년대의 부동산 경기 침체와 뉴욕시의 복잡한 심의 절차, 대규모 초기 투자를 필요로 하는 개발 기본계획의 문제점 등으로 인하여 부지의 매립만 완료한 채 개발이 중단되었음. 이후 1970년대 후반 뉴욕시와 뉴욕주가 심각한 재정 위기로 배터리 파크 시티 개발공사가 파산 위기에 봉착하자 1979년에 새로운 기본 계획을 수립하게 되었고 1980년대부터 게이트웨이 플라자(Gateway Plaza)와 월드 파이낸셜 센터(World Financial Center)의 개발을 시작으로 배터리 파크 시티의 개발이 이루어져서 2000년대 초까지 개발함

▣ 용도별 구성 비율은 주거지 42%, 상업·업무 용지 9%, 녹지 30%, 도로 용지 19%. 매립 등 기반 조성에 정부가 2억 달러(약 2,400억 원) 투자했으며 나머

지 막대한 민간 투자는 올림피아 앤드 요크(Olympia & York)사 등 부동산 개발업자들이 참여함

▣ 도시 경제 성장 트렌드 속에 국제적인 금융 기관, 기업의 본사를 위한 업무·상업·주거 공간의 수요를 충족하기 위한 업무, 주거, 공공 기능 등이 복합된 융복합 도시 개발 사업으로 공공·민간파트너십의 성공 사례

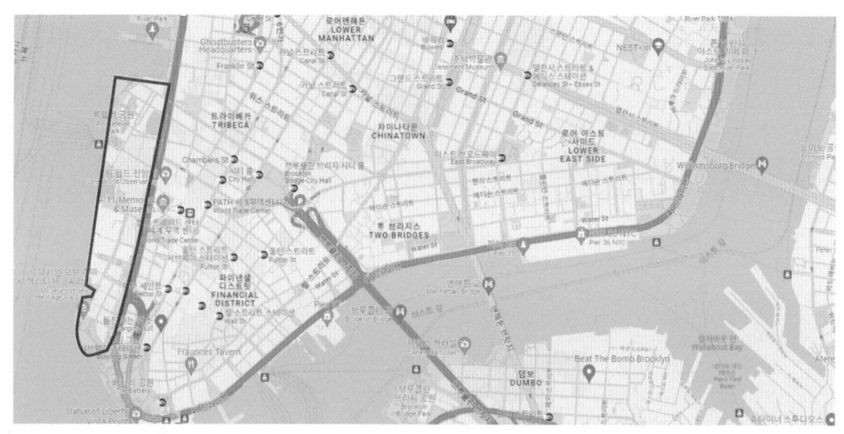

• 배터리 파크 시티 지도

• 배터리 파크 시티 전경

2. 개발 경과

1) 개발 경과 개요

구분	내용
위치	뉴욕 맨해튼 남서부
규모	총 92.6ac(374,738.905m^2) - 주거 38.1ac(42%), 1만 4,000세대 - 상업 8.7ac(9%), 약 16만 평 규모 사무실 - 공공 공간 28.0ac(30%), 공원, 광장, 강변 공원 등 - 도로 7.8ac(19%)
개발 주관	공공: 배터리 파크 시티 개발공사 민간: 올림피아 앤드 요크 등
추진 일정	1966년 배터리 파크 시티에 대한 개발 계획안 제안 1968년 배터리 파크 시티 개발공사 설립 1968년~ 1차마스터 플랜 수립, 대규모 개발 및 투자 계획으로 실패 1976년 92ac(37ha)의 땅 매립 완료 1979년 2차 수정 기본 및 마스터 플랜수립 1980년 건축 공사 시작 게이트웨이 플라자(주상복합 건물) 착공 1981년 월드 파이낸셜 센터 착공 현재 배터리 파크 시티 도시개발단지 완공
용도	업무, 상업, 문화, 호텔, 거주 Solaire Apt, Brookfield Place, 리츠 칼튼 호텔, Pier A 공원 등

2) 개발 주관

(1) 배터리 파크 시티 개발공사(뉴욕주 공기업)

▣ 설립 목적

- 뉴욕주 공기업으로서 1968년 설립됨. 허드슨강의 낙후된 부두 자리에 들어선 로어 맨해튼 서쪽 부지에 상업, 주거, 유통, 지역사회 커뮤니티 및 공원 부지를 계획, 건설하여 지역 개발의 균형적 조정 및 보존의 임무를 수행함

▣ 기타 의무
- 공공-민간 파트너십
- 균형 및 심미성
- 환경적 책임
- 투명하며 지속가능한 성과 측정

(2) 올림피아 앤드 요크(시행사, O & Y가 약칭)

▣ 캐나다에 본사를 둔 주요 국제 부동산 개발 회사로 런던의 카나리 워프(Canary Wharf), 뉴욕의 월드 파이낸셜 센터, 토론토의 퍼스트 캐나디언 플레이스(First Canadian Place)와 같은 주요 금융 사무실 단지를 건설하였으며 1990년대 초에 파산했고 소유하고 있던 많은 뉴욕 부동산이 브룩필드 프로퍼티스 코퍼레이션(Brookfield Properties Corporation) 개발사로 넘어감

3. 개발 추진 역사

▣ 배터리 시티 파크 사업은 크게 3단계로 구분
- 제1단계는 매립지에 대한 다양한 계획안이 제출되는 기간
- 제2단계는 1차 마스터 플랜이 제출 및 수행되는 기간
- 제3단계는 2차 마스터 플랜이 제출 및 수행되는 기간

1) 제1단계(~1966년)

▣ 다양한 기관에서 배터리 파크 시티에 대한 개발 계획을 제안. 맨해튼 남부지역 개발협회(DLMA, Downtown Lower Manhattan Association)는 맨해튼 남부를 맨해튼의 경제 활성화를 위한 비즈니스의 중심축으로 개발하고자 함

- 1958 로어 맨해튼과 이스트 리버(East River)에 대한 개발안 제출
- 1960 포트 어소리티(Port Authority)에서 WTC 건립을 제안
- 1963 허드슨강의 주거 재개발 포함 도심 개발안 제출

▣ 뉴욕시 해양항공국(Department of Marine and Aviation〔DMA〕)

- 세계 무역의 중심지로 만들기 위해 교통 수용 시설을 비롯 업무 및 주거 시설 제안
- 6개 상업적 부두 선착장, 8개 업무 빌딩, 18개 초고층 아파트, 4,500가구, 40층 호텔 등
- 넬슨 록펠러의 배터리 파크 시티(BPC) 계획 발표(1966년)
- 1만 3,982세대 주택, 2200룸 호텔, 2개 오피스 빌딩, 공공 시설, 레저 및 쇼핑 센터, 간단한 산업시설, 공원과 주차시설
- 1966년 6월, 뉴욕시 도시계획위원회(CPC, City Planning Commission)에서 최종적으로 로어 맨해튼 플랜(Lower Manhattan Plan)을 발표

2) 제2단계(1967~1978년) - 개발 중단 시기

- 넬슨 록펠러 뉴욕 주지사의 비즈니스 지구에 대한 강력한 지지로 BPCA(Battery Park City Authority)가 설립되고, 1차 마스터 플랜을 바탕으로 사업을 진행하였으나 행정적 또는 개발 과정상의 문제로 중단된 시기
- 1차 마스터 플랜 이후 개발 과정상 위기를 겪게 되는데, 뉴욕시의 재정 위기와 더불어 1차 오일 쇼크로 인하여 경제공황까지 겹쳐 공사 중단 사태가 벌어짐
- 1976년 배터리 파크 시티의 개발은 부지 매립만 완료된 상태로 잠정 중단
- 뉴욕주가 뉴욕시 소유의 부동산 개발 과정에서 견해 차이가 발생함에 따라 상호 업무 협의를 이룸

① 뉴욕시는 토지를 임대하고 뉴욕주는 배터리 파크 시티 개발을 담당

② BPCA는 세금 대신 대지 임대료 및 할부금을 뉴욕시에 지불

③ BPCA는 개발 이익 중 남은 수입을 뉴욕시에 지원

④ 뉴욕시는 디자인에 관여 가능

※ 뉴욕주는 배터리 파크 시티 개발을 위해 1968년 5월 특별 목적 기구인 BPCCA(Battery Park City Corporation Authority)를 설립함. BPCCA의 설립 목적은 배터리 파크 시티의 공익 실현이며, 300만 달러 이내의 채권을 발행할 수 있는 권한을 받았음. 이후에 BPCA(Battery Park City Authority)로 명칭이 변경됨

▣ 1969년에 제안된 기본 개발 계획은 뉴욕시의 기본 임대 계획 오피스 지구, 1만 4,100가구의 아파트, 쇼핑 센터, 공원, 공공 시설(학교, 도서관, 치안 시설, 문화 시설 포함) 구체화

- 이 계획안에서는 상점과 커뮤니티 시설이 도입된 7층 높이의 이동 중심축과 메가 스트럭처에 삽입된 고층건물이 제안되었으나 이러한 계획은 단계적 개발이 어려웠을 뿐만 아니라 1억 8,000만 달러라는 막대한 초기 투자 비용이 요구되었음
- 필지별 건축선, 아케이드, 보행 연계, 육교, 강변 공원, 대인 수송 체계(people-mover corridors) 등의 다양한 조건들을 매우 상세하게 규정한 특별 용도 지구(special zoning district)의 까다로운 규정 경직성
- 뉴욕시의 복잡한 심의 절차, 승인 소요 시간 장기화로 사업이 지연되자 거대한 규모의 투자에 대한 확신을 얻지 못한 민간 투자자들의 저조한 투자로 재정적인 어려움을 겪었으며 1970년대의 경기 침체와 함께 불어 닥친 뉴욕시와 뉴욕주의 재정 위기로 인해 배터리 파크 시티 개발 사업은 부지 매입만 완료된 채 1976년 중단됨

3) 제3단계(1979~현재)

▣ 중단되었던 배터리 시티 파크 사업이 재개된 시기로 1979년 새롭게 수립된 기본 계획을 바탕으로 현재까지 사업이 계속됨

① 토지 임대 방식 적용

- 토지 임대 방식으로 부지를 민간에 공급
- 배터리 파크 시티 개발공사가 개발 주도
- 토지 매각 방식에서 임대 방식으로 적용

② 교통과 업무 지구의 연계

③ 초기 투자비 및 사업비 절감

④ 개발 절차의 단순화

⑤ 블럭별 단계적 개발 전환

⑥ 장기채권 적극 활용

- 재산세 대납제도로 채무 이행
- 단기적 개발이 아닌 장기적 단계적 개발을 통한 재원 조달
- 장기 채권의 적극적 활용

▣ 1970년대 뉴욕주 재정 위기로 BPCA가 파산에 이르자 당시 뉴욕 주지사였던 휴 캐리(Hugh Carey)와 뉴욕 시장이었던 에드워드 코크(Edward Koch)는 1979년 새로운 기본 계획 수립을 통해 당시 부동산 시장의 경기를 반영한 사업 추진 방안을 제안

▣ 새로운 마스터 플랜은 1969년에 제안된 거대 구조물과 슈퍼 블럭 개발 형태를 폐기하고 맨해튼 남부의 격자형 거리를 배터리 파크 시티로 확장하는 형태로 진행됨. 이러한 격자 가로 체계는 기존의 도시와 새롭게 형성된 배터리 파크 시티 지역과의 연결을 단순한 형태로 시도하고 건축물의 형태도 기존 형태와 조화되도록 설계되어 단순한 개별 건축물 집합체 형태보다는 공공 공간의 질에 더 초점을 맞추고 있음

▣ 1969년 및 1979년 기본 계획 실시 비교

구분	1969년 개발 기본 계획	1979년 개발 기본 계획
설계개념	- 거대 구조 - 공공 동선 축 - 7개의 단지 - 인공 대지	- 맨해튼 가로체계의 연장 - 가로(STREET) - 36개의 블록(BLOCKS) - 공공 공원
규제기법	- 뉴욕시가 부지를 소유 - BPCA가 임대 - 개발 기본 계획 수립 - 특별 지구 (개발 기본 계획과 함께 수립)	- BPCA가 부지를 소유 - 뉴욕시의 재매입 옵션 - 기본 계획 - 도시 설계 지침 (개발 사업자 선정시 수립)
사업비	- 3억 1,200만 달러 (1979년기준, 매립비 제외)	- 5,300만 달러 (1979년기준, 매립비 제외)

▣ 1979년 11월 주지사, 주정부, 도시 설계 그룹(Urban Design Group)과 BPCA가 배터리 파크 시티 개발에 대한 MOU를 채결
- 주정부의 UDC를 통한 토지 취득
- 개발 과정에서 발생하는 복잡한 승인 과정 단순화
- 알렉산더 쿠퍼(Alexander Cooper)에 의해 수립된 기본 계획 수용
- 오피스 개발에 대한 뉴욕시의 10년간 세금 혜택
- BPCA의 채무 이행 완료 후 뉴욕시의 토지 회수
- 주정부의 채권 보증을 위한 800만 달러 대출 등을 포함

4. 개발 방식

▣ 배터리 파크 시티는 로어 맨해튼 지구의 경쟁력 강화 차원에서 개발되어 국제적인 금융 기관과 다국적 기업의 본사, 전문적인 사업 서비스 기업과 그 종업원들을 위한 수준 높은 업무 환경과 주거 환경을 제공한다는 목표가 명확함
▣ 계획적, 재정적, 사업적 측면의 통합적 전략 기법 수행

(1) 계획적 기법

- 배터리 파크 시티는 여러 시행착오 끝에 공공 공간에 대한 설계 수준을 높이면서 민간 개발의 유연성을 최대한으로 보장하는 새로운 계획 기법

(2) 재정적 기법

- 미래 수익을 근거로 장기 채권을 발행하여 재원을 조달하고 그 원리금을 토지를 임대하여 얻어지는 수입으로 순차적으로 상환하는 재원 조달 기법

(3) 사업적 기법

- 개발 사업자 선정 시 상세한 설계 기준에 의거 입찰 경쟁을 통해 선정하는

토지 공급 기법과 뉴욕시와 합의된 범위 내에서 개발 허가권을 사업 주체인 배터리 파크 시티 개발공사로 과감히 이양함으로써 급변하는 시장 환경에 신속히 대응함

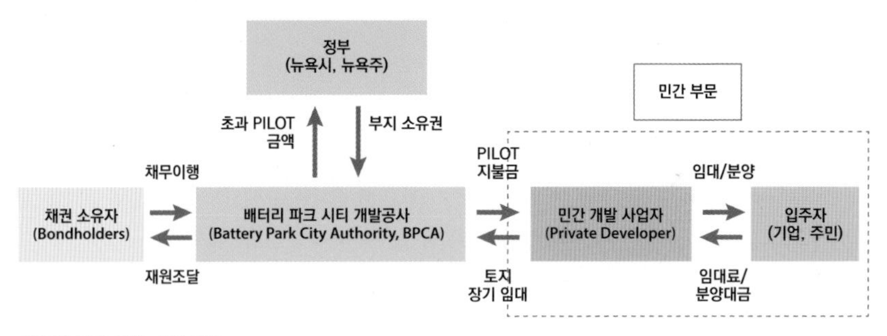

• 배터리 파크 개발 사업 구조

5. 개발 전략

(1) 공공과 민간의 협력적 파트너십

- 장기간의 도시 개발 사업은 급변하는 정치, 경제, 사회, 문화의 변화로 공익의 공공과 민간의 개발 이익은 상호 상충함
- 따라서 성공적인 도시 개발 사업을 위해서는 공공과 민간의 이해관계를 위해 협력의 파트너십은 필수적임
- 배터리 파크 시티 개발공사가 파산 위기시 개발에 대한 부정적 인식과 반대는 있었지만 배터리 파크 시티 개발공사는 다운타운 로어 맨해튼 협회와의 긴밀한 협력관계 속에서 장기적 마스터 플랜을 수립

(2) 공공 투자의 공공성 제고

- 배터리 파크 시티의 강변 산책로, 공원 및 오픈 스페이스는 도시 환경의 쾌적성을 도모하여 민간 투자 개발을 유치하는 데 결정적 역할을 하여 공공 투자에 대한 정당성 확보를 용이하게 함

(3) 재원 조달과 임대 방식의 단계적 개발

- 배터리 파크 시티의 개발에서 사용된 방식은 공공 투자 재원을 마련하기 위한 장기 채권 발행, 그리고 재산세 대납(PILOT), 토지 소유권과 개발권 분리의 임대 방식 도입과 단계적 개발임

(4) 장기 채권 발행

- BPCA는 초기에 필요한 공공 투자의 재원을 마련하기 위해 장기 채권 발행. 장기 채권은 장기간에 걸쳐 비용 부담을 분담시킴으로써 사업 초기 공공의 선투자 개발에 필요한 안정적인 자금으로 활용되었으며, 이를 통해 사업의 방향과 개발에 대한 비전을 제시하는 역할을 하게 됨

(5) 재산세 대납 제도(PILOT, Payment in lieu of real estate taxes)

- 토지 및 건축물의 가치가 상승함으로써 재산세의 효과가 높아지는 초과 이익분에 대해 개발 사업 시행 전후의 자산 가치를 비교하여 재산세 증가분을 개발 사업의 재원으로 조달하는 방식
- BPCA가 배터리 파크 시티의 건물 소유자들로부터 건물에 대한 재산세를 뉴욕시 대신 징수하여 공원 조성, 학교 설치 등 공공 환경 개선에 투자하거나, 부지 매립 및 인프라 건설에 투자하기 위해 발행하였던 채권의 원금과 이자를 상환하고, 남은 이익금을 뉴욕시에 상환하는 구조로 운용됨

(6) 임대 방식의 도입과 단계적 개발(토지 소유권과 개발권의 분리)

- 개발의 획기적인 점은 토지의 소유권과 개발권 분리로, BPCA는 뉴욕시로부터 토지를 99년간 장기 임대 계약하여 차입함과 동시에 토지 소유권을 인수받은 후 인프라 시설을 정비함에 따라 BPCA가 토지를 소유하고 민간 개발자는 2069년까지 장기 임대, 건물을 개발하고 임대하는 방식으로 진행
- 토지 보유와 단계적 개발은 도시의 성장을 체계적이고 계획적으로 유도할 수 있을 뿐만 아니라 미래의 변화에 보다 유연하게 대응하고 이전 단계에서

의 시행착오를 토대로 다음 단계에서 보다 효과적인 개발 전략 수립 가능

(7) 계획의 유연성과 민간 개발 사업자와의 계획 정책 연계성

- 1969년 마스터 플랜 수립 이후 10년 간의 시행착오 끝에 새롭게 수립된 1979년의 마스터 플랜은 개발의 기본적인 개념과 설계 원칙만 제시하고 나머지 세부적인 도시 설계 지침은 개발될 시점에 수립되도록 함
- 20년 이상 걸리는 개발 사업을 위해 초기의 마스터 플랜에서 상세한 건축 설계까지 하는 것은 불필요한 시간과 노력 낭비라는 사실을 인식한 결과로 점진적인 개발과 함께 도시 설계 지침은 마스터 플랜에서 제시된 원칙하에 당시의 사회적, 경제적, 기술적 요구를 적절히 수용할 수 있었음

6. 개발 변화 사진

• 1958, 배터리 파크 시티 서쪽 항만

출처: bpca.ny.gov

• 1970년대의 배터리 파크 시티*

• 현재의 배터리 파크 시티

출처: bpca.ny.gov

7. 시사점 및 의의

▣ 뉴욕의 허드슨 남서쪽 강변에 있는 약 11만 2,000평의 매립지를 공공성에 기초한 새로운 주거와 오피스 단지로 개발하는 뉴타운 도시 개발 프로젝트

▣ 민간 부문의 참여를 위한 공공 투자의 전략적 활용

- 민간 개발업자와의 공공·민간 파트너십을 통해 지역사회의 성공적인 도시 개발을 위한 청사진 제시
- 주정부와 시정부의 체계적 지원과 공적 기관의 역할 조정자 역할을 통해 도시의 기능을 회복하고 활기 있는 도시 공간을 창출한 도시 재생의 성공 사례
- 사업 수익은 도시 기반 시설의 제공, 수변 공간, 공원 등 공공 공간과 박물관 등 공공 시설의 지속적 확충, 저소득층 임대주택 사업 등에 투입됨으로써 도시 재생 사업의 공공성을 확보

  ⇒ 장소 마케팅(Place Marketing)의 개념과 결부되어 결과적으로 민간기업의 유치를 촉진시키는 효과를 가져옴

▣ 도시 정책과 사회적 공감대에 기초한 다양한 관계자들 간의 견고한 파트너십 형성

- 프로젝트에 소수 민족 및 여성 기업가 등 M/WBE(Minority and Women owned Business Enterprises) 참여 기회 극대화

8. 기타 주요 시설

1) 주거

(1) 더 홀마크(The hallmark)(아파트), 455 North End Avenue New York, NY 10282

• 더 홀마크 외관 출처: cureventas.com

구분	내용
규모	14층, 217세대, 고급 시니어 아파트, 2000년 완공
시행사	Brookdale Living Communities, Inc.
설계	Schuman Lichtenstein Claman and Efron, Lucien LaGrange

(2) 더 솔레어(The solaire)(아파트), 20 River Terrace New York, NY 10282

• 더 솔레어 외관*

구분	내용
규모	27층, 293세대, 700명 거주, 2003년 완공
시행사	Albanese Development Corporation
설계	Cesar Pelli & Associates, Schuman Lichtenstein Claman and Efron

(3) 리버티 럭스(Liberty luxe)(아파트), 200 North End Avenue New York, NY 10280

• 리버티 럭스 외관 출처: luxuryrentalmanhatta.com

구분	내용
규모	32층, 280세대, 2011년 완공
시행사	Millstein Properties
설계	Ehrenkrantz Eckstut & Kuhn

(4) 더 리츠 칼튼 콘도 앤드 호텔(The ritz-carlton condo & Hotel), 10 Little West Street

• 리츠 칼튼 콘도 호텔 외관 출처: jetsetter.com

구분	내용
규모	38층, 22세대 콘도, 311 호텔룸, 2001년 완공
시행사	Millennium Partners MDA Associates, Inc.
설계	Gary Edward Handel+Associates, Polshek Partnership Architects, LLP
시세	2 BEDS 285만 달러, 3 BEDS 342만 5,000달러. 4 BEDS 450만 달러

2) 주요 오피스

▣ 배터리 파크 시티 중간에 위치한 브룩필드 플레이스(Brookfield Place) 복합 단지의 7개 건물과 세계적 금융회사 골드만 삭스 본사가 있는 200 웨스트 스트리트(West Street) 주변에 오피스 건물이 주로 모여 있음

(1) 브룩필드 플레이스

• 브룩필드 플레이스 전경*

▣ 과거 세계금융센터 자리에 위치한 브룩필드 플레이스는 사무실과 쇼핑 센터의 복합 컴플렉스로 세계 무역 센터의 서쪽에 위치하며 메릴린치(Merrill Lynch), RBC 캐피털 마켓(RBC Capital Markets), 노무라 그룹(Nomura Group), 아메리칸 익스프레스(American Express), 뉴욕 멜론 은행(Bank of New York Mellon), 타임 주식회사(Time Inc) 등 주요 금융사들이 입주해 있으며 2014년에 복합 단지는 광범위한 리노베이션 공사가 완료된 후에 브룩필드 플레이스라는 현재 이름이 붙음

▣ 개발 회사 및 개발 과정

- 아메리칸 익스프레스(American Express)가 소유한 공간을 제외하고 토론토 기반의 브룩필드 오피스 프로퍼티스(Brookfield Office Properties)사가 소유 및 관리하는 건물이며 원래 개발자는 캐나다 토론토 베이스인 올림피아앤드 요크(Olympia and York)사임

▣ 건축 설계: 아르헨티나출신 건축가 체사르 펠리(César Pelli)

▣ 브룩필드 플레이스 주요 건물

출처: 구글어스

① 200 리버티 스트리트(Liberty Street) - 과거 월드 파이낸셜 센터 1

- 1986년 완공, 높이 176m, 40층
- 임대 면적: 162만 8,000ft²(15만 1,200m²)

② 225 리버티 스트리트(Liberty Street) - 과거 월드 파이낸셜 센터 2

- 1987년 완공, 높이 197m, 44층
- 임대 면적: 249만 1,000ft²(23만 1,400m²)

③ 200 베시 스트리트(Vesey Street) - 월드 파이낸셜 센터 3 아메리칸 익스프레스 타워(American Express Tower)

- 1985년 완공, 높이 225m, 51층
- 임대 면적: 120만ft^2(11만m^2)

④ 250 베시 스트리트(Vesey Street) - 과거 월드 파이낸셜 센터 4

- 1986년 완공, 높이 150m, 34층
- 임대 면적: 180만ft^2(17만m^2)

⑤ 윈터 가든 아트리움(Winter Garden Atrium)(꽃 정원 휴식 공간)

- 1988년 완공하였으며 당시 4,200m^2였으나 9.11테러 영향으로 리노베이션하여 현재는 임대 면적 2만 7,400m^2임
- 유리 글라스돔 형태로 다양한 식물, 꽃 정원 휴식 공간과 쇼핑, 카페 상업 공간

• 윈터 가든 아트리움

• 윈터 가든 아트리움

※ 허드슨 잇츠(Hudson Eats)

- 브룩필드 플레이스 2층 뉴욕 인기 맛집 명소

• 허드슨 잇츠 내부

⑥ 200 웨스트 스트리트(West Street) 오피스 건물

- 골드만 삭스(Goldman Sachs)의 본사 등 사무실 건물, 228m 높이, 44층 빌딩

• 200 웨스트 스트리트 외관*

3) 주요 공원과 오픈 공간

(1) 디 에스플러네이드(The Esplanade)

• 디 에스플러네이드

(2) 스타이브슨 고등학교(Stuyvesant High School) 및 커뮤니티 센터(학교 내)

• 학교 외관*

(3) 록 펠러 공원(Rockfeller park)

• 록펠러 공원 전경 출처: bpcparks.org

(4) 웨그너 공원(Wagner Park)

• 웨그너 공원 출처: bcpcparks.org

4) 박물관, 미술관 등 기념관

(1) 아이리시 헝거(Irish Hunger) 기념관

- 1825~1852년 아일랜드 기근으로 약 1,500만 명이 죽자 이를 기념하기 위해 만듦
- 기념관 설치를 위하여 아일랜드에서 토양, 돌 등 자재를 직접 공수함

• 아이리시 헝거 기념관

(2) 유대인 문화유산 박물관(Museum of Jewish Heritage)

- 대학살된 유대인의 영혼을 추모하기 위한 기념관

• 유대인 유산 박물관*

2. 허드슨 야드 프로젝트

기존 철도 및 창고 지대의 복합 재생 개발 사업

1. 프로젝트 개요

▣ Hudson Yard Project. 맨해튼의 옛 철도 차량 기지, 창고 등으로 사용되던 허드슨 강변의 미개발지를 맨해튼 미드타운 확장 사업의 일환으로 주거 및 상업 지역으로 복합 개발하는 초대형 재생 개발 사업

※ 허드슨 야드 개발 계획은 장기간의 지역 개발을 통해 뉴욕시의 미래경제를 보장하는 기회를 만들고, 대중교통의 연장, 도시적 대규모 오픈 스페이스 제공, 지역지구제의 개편 등 공공 부문의 주도적 역할을 통해 민간 투자를 통해 상업, 주거시설 등 복합 용도 지역으로 발전시켜 뉴욕시의 미래 세대를 준비하는 것을 목표로 함

▣ 총 면적 11ha(3만 3,000평)의 부지에 200억 달러를 투자하는 대규모 사업으로 1,800만m²(51만 평)의 상업·주거 공간, 2,400만m²(69만 평)의 최첨단 오피스 타워, 뉴욕의 첫 번째 니먼 마커스 백화점을 포함한 100개 이상의 상점, 1만 3,500세대, 4,000명 거주 주택, 14ac(1만 7,000평)의 공공 광장, 12만 m²(3,400평) 750석 규모의 공립학교, 200만m²(57만 평) 호텔 및 컨벤션 센터(20실 이상), 2만 3,000명 이상의 일자리 창출이 예상되는 대형 개발 사업

※ 민간 투자와 함께 뉴욕시는 공원, 도로 등 인프라 구축에 3조 원 이상 투자

▣ 2005년 도시계획안 승인 후 2012년부터 개발 시작, 2016년 5월 10일 허드슨 야드 건물 완공과 함께 총 33개의 크고 작은 빌딩과 프로젝트 진행, 2019년 최종 도시개발이 완료되었음

▣ 개발 주체는 뉴욕시, 뉴욕주, MTA(메트로폴리탄 교통공사)이며 뉴욕주 및 뉴

욕시 산하 공공기업인 허드슨야드기반시설개발공사(HYIC)가 공공 개발 주체가 되고 산하에 허드슨야드개발공사(HYDC)를 설립하여 프로젝트의 예산, 자금 조달, 비용 절감 등을 담당하게 함

▣ 민간 개발 시행사로는 릴레이티드 컴퍼니스(Related Companies)와 옥스퍼드 프로퍼티스(Oxford Properties) 등 참여

2. 개발 경과

구분	내용
위치	뉴욕 맨해튼 중서부 서쪽 42번과 43번, 7번과 8번, 웨스트 28번과 30번 스트리트, 허드슨 리버 파크에 둘러싸인 지역
규모	11ha(3만 3,000평) - 상업, 주거 1800만m²(51만 평) - 오피스 타워 240만m²(6만 9,900평) - 유통 상가 100개 이상 - 주거 1만 3,500세대, 4,000명 거주주택 - 공공 광장 및 공원 14ac(1만 7,000평) - 학교 12만m²(3,400평) 750석 규모의 공립 학교 - 호텔 및 컨벤션, 200만m²(57만 평) 호텔 및 컨벤션센터 - 일자리 창출 2만 3,000명 이상 - 7호선 기차 연장, 타임스 스퀘어의 현재의 터미널에서 34번 스트리트와 11번 스트리트의 신규 터미널 역까지 7호선 연장 및 신설
개발 주관	- 공공: 허드슨야드기반시설개발공사(HYIC)·허드슨야드개발공사(HYDC) - 민간: Related Companies와 Oxford Properties
추진 일정	- 2005년 도시계획안 승인 - 2012년 개발 시작 - 2016년 5월 10일 허드슨 야드 건물 1호 - 2019년 최종 도시개발 완료
용도	업무, 상업, 문화, 호텔, 거주, 공공 시설
주요 재원	- 채권(Bonds) - 지역 개선 인센티브(District Improvement Bonus) - 개발 권리 이양(Transferable Development Rights) - 목적세(Payment in Lieu of Taxes)

3. 개발 변화

(1) 과거~1929년

• 1929년 허드슨 야드 출처: placesjournal.org

(2) 2024년 현재

• 오늘날 허드슨 야드 전경

4. 주요 구역 단지 계획

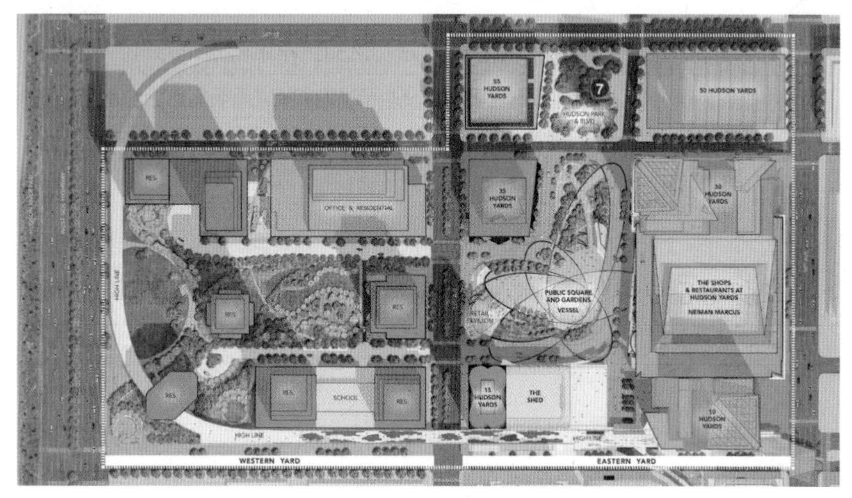

• 허드슨 야드 마스터 플랜도 출처: hudsonyardsnewyork.com

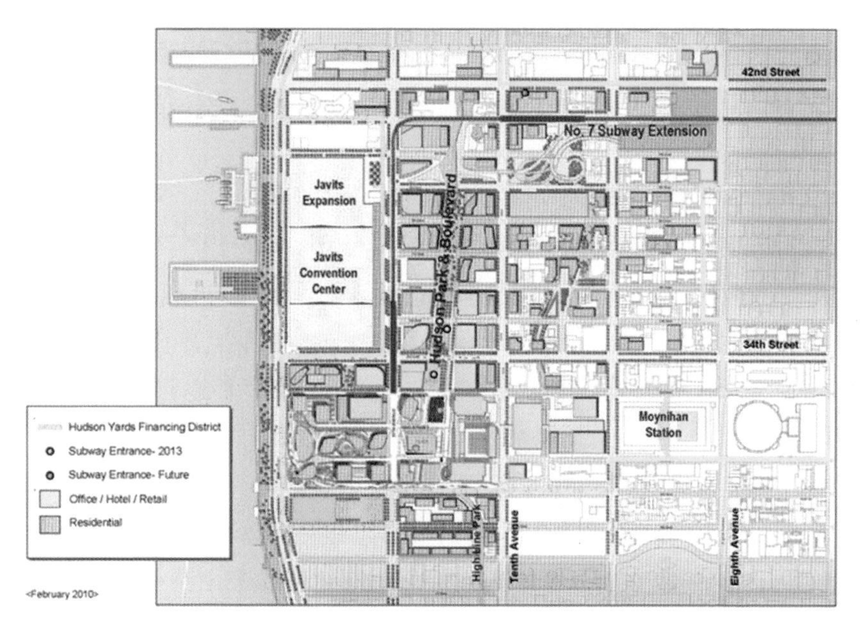

• 허드슨 야드 주변도 출처: Hudson Yards Development Corporation 2018

5. 마스터 플랜의 주요 내용

- ▣ 대중교통 및 접근성 향상: 지하철 연장, 주변 교통 허브 연결, 지하 주차장 건설
- ▣ 새로운 공원과 오픈 스페이스 창출: 블록 내부 가로공원화
- ▣ MTA 동측 철도 부지 개발: 신규 공간 오픈 및 보행로, 하이라인 공원과 연결
- ▣ 자빗 컨벤션 센터 증축: 전시, 회의 공간 및 호텔 확장
- ▣ 신규 용도 지역 조닝 수립: 인센티브를 통해 용적률 상향과 개발 허가

6. 사업 방식 및 개발 전략

(1) 사업 방식 개요

- ▣ 200억(20조 원) 달러 규모의 초대형 개발 사업으로, 공공 개발 주체를 설립하여 사업을 진행하며 상업용 세제 인센티브(PILOT, PILOST, PILOMRT)를 적극 활용, 재원을 조달하고 탄력적인 용적률 인센티브 제도로 민간 투자를 유도하여 공공은 공공 환경 개선에 투자, 민간은 낮은 세금으로 적극적 투자가 용이한 구조

(2) 사업 방식

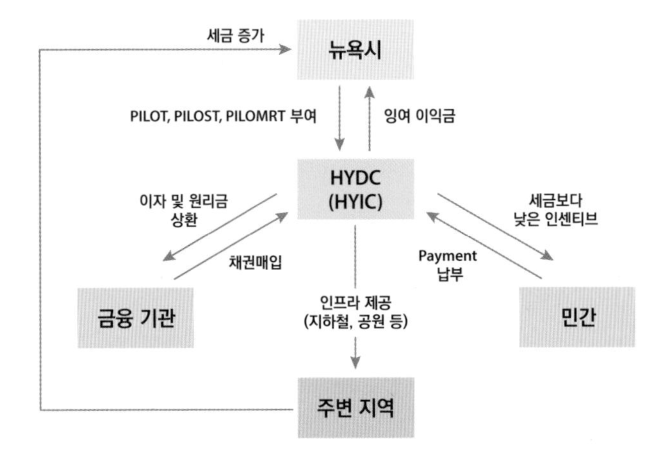

(3) 재원 조달: 세제 인센티브를 통한 재원 조달

▣ 허드슨 야드의 가장 중요한 특징은 상업용 세제 인센티브를 적극적으로 활용하여 재원을 조달하는 것으로 PILOT 등 세제 인센티브로 조달한 자금은 공원 조성이나 학교 설치 등 인프라에 투자되고 관련 부지 매입 등 인프라 건설 투자를 위해 발행한 채권의 원금과 이자를 상환하고 남은 이익금은 뉴욕시에 상환

▣ 세제 인센티브로 다른 지역보다 민간이 부담하는 세금이 낮기 때문에 민간의 적극적인 투자가 일어날 수 있으며 공공 토지를 판매하지 않고 장기 임대를 통해 임대료 수익을 추구하는 방식 추구

- 뉴욕시 산업개발청(IDA: Industrial Development Agency)은 상업용 시설에 특화된 세제 인센티브 프로그램을 운영하고 있으며 3가지 세제 혜택 부여

① PILOT(Payment in Lieu of Taxes): 재산세(real estate tax) 감면 제도

② PILOST(Payment in Lieu of Sales Taxes): 판매 및 이용세(sales and use tax) 감면

③ PILOMRT(Payment in Lieu of Mortgage Recording Tax): 모기지 등록세(mortgage recording tax) 감면 프로그램

※ 이 중 PILOT 제도는 개발에서 가장 중요한 재원 수단으로 활용됨

- PILOT, PILOST, PILOMRT 등은 대상 부동산을 과세 목록에서 제외하여 세금 대신 세금보다 낮은 약정 비용(payment)을 지불하는 방식으로 운영되어 세금을 부담하는 민간의 입장에서는 일종의 세제 감면 제도로 볼 수 있음
- 뉴욕시는 상업용 시설에 대한 세제 인센티브를 대형 은행의 본사 이전과 같이 지속 가능한 일자리 창출(최소 500개 이상의 새로운 일자리), 대규모 자본 투자, 대규모 신규 오피스 공급 등이 이루어지는 사업에 대해 지원하고 있음
- 이와 함께 임대주택 세제 지원, 공공 소유의 철도 부지 사용권 및 개발권 판매, 개발권 이양 제도를 활용한 용적률 판매, 용도 지역 지구제의 보너스 용적률로 발생한 지역 개발 펀드(bonus payments into zoning-based district improvement fund) 등을 활용하여 재원을 조달함

(4) 용적률 인센티브 활용

■ 뉴욕시는 개발권 이양 제도, 현금 및 현물 기부시 용적률 인센티브 부여 등의 제도를 통해 유연한 용도 지역제를 운영하고 있어 지역적 특징 및 사업의 성격에 맞게 프로젝트가 진행될 수 있는 구도를 만들어 주고 있음

- 허드슨 야드 사업은 용적률 인센티브 제도를 적극 활용하여 기본 FAR(Floor Area Ratio) 10인 상업 시설에 대해서 최대 FAR 33까지 용적률 상향을 허용
- 상업용 건물의 기본 FAR는 10~19 수준이나 최대 용적률은 10~33까지 상향
- 주거용 건물의 경우 기본 FAR 6~7.5에서 최대 FAR 15까지 가능함
- 혼합 용도의 경우에도 기본 FAR 9~10에 비해 최대 FAR 9~15까지 허용

1. 상업용 시설은 개발권 이양 제도, 공공에 현금 기부, 공원과 같은 공공 오픈 스페이스 공급 등을 통해 최대 허용 용적률 달성 가능
2. 개발권 이양 제도를 활용하여 허드슨 야드 내의 오픈 스페이스로 지정된 토지의 공중권을 민간 시장을 통해 구입할 수 있음
3. 지역 개선 보너스(DIB: District Improvement Bonus) 용적률은 공공의 현금 기부를 통해 용적률 확보가 가능한 제도로 기부된 자금은 허드슨 야드 내 인프라 조성을 위해 사용됨

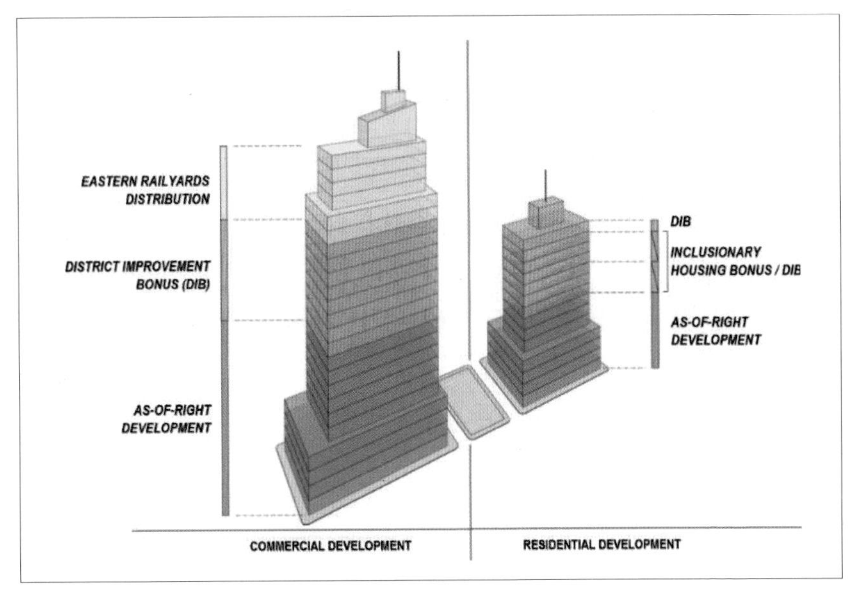

• 허드슨 야드의 용적률 상향 메커니즘

7. 시사점 및 의의

■ 허드슨 야드 사업은 맨해튼의 옛 철도 차량 기지로 쓰이던 지역을 주거 및 상업, 공공, 학교 등 복합 개발 단지로 조성하는 20조 원 규모의 초대형 재생 개발 사업

■ 기존 지역을 개발할 시 주거 혹은 상업 지구로 단독 개발하지 않고 필요에 의한 개발이 이루어질 수 있도록 종합적인 계획을 세운 뒤 순차적으로 개발하는 방식으로 진행

■ 민간 부문의 참여를 위한 공공 투자의 전략적 활용

■ 재원 조달과 임대 방식의 단계적 개발

- 공공 주도로 사업을 진행하되, 공공은 도로 등 공공 환경 개선에 투자하고 민간에게는 낮은 세금으로 인센티브를 줘서 허드슨야드기반시설개발공사(HYIC)가 공공 개발 주체가 되고 산하에 허드슨야드개발공사(HYDC)를 설립하여 프로젝트의 예산, 자금 조달, 비용 절감 등을 관리

- 세제 지원은 PILOT(Payment in Lieu of Taxes), PILOST(Payment in Lieu of Sales Taxes), PILOMRT(Payment in Lieu of Mortgage Recording Tax) 세 가지 프로그램 활용, 재산세, 판매 및 이용세, 모기지 등록세를 감면해 주며 이를 통해 재원을 조달하여 민간 투자자에게는 세금보다 낮은 수준의 약정 비용 징수

■ 용적률 인센티브제도 적극 활용

- 뉴욕시는 개발권 이양 제도, 현금 및 현물 기부시 용적률 인센티브 부여 등 제도를 통해 유연한 용도 지역제를 운영하고 있어 지역적 특징 및 사업의 성격에 맞게 프로젝트가 진행될 수 있는 구도를 만들어 주고 있음

8. 주요 건물

(1) 10 허드슨 야드

• 10 허드슨 야드 외관*

구분	내용
위치	30th Street at Tenth Avenue Manhattan, New York City
면적	연면적 158,000m^2(9만 8,400평)
규모	지상 52층, 지하 1층, 높이 267.7m
시행사	The Related Companies L.P, Oxford Properties Group Inc.
추진 일정	2012년 12월 시공/2016년 5월 완공
용도	사무 및 소매 사업
임차인	Coach, L'Oreal, Boston Consulting Group, Fair Way 등

(2) 30 허드슨 야드

• 30 허드슨 야드 외관*

구분	내용
위치	33rd Street and Tenth Avenue Manhattan, New York City
면적	240,000m^2
규모	지상 101층, 높이 386.6m
시행사	The Related Companies L.P, Oxford Properties Group Inc.
추진 일정	2014년 시공/2019년 완공
용도	사무 공간 및 소매
임차인	CNN, HBO, Wells Fargo, Turner 등

(3) 15 허드슨 야드

• 15 허드슨 야드 외관*

구분	내용
위치	30th Street & Eleventh Avenue Manhattan, New York City
면적	74,332m²
규모	지상 71층, 높이 280m
시행사	The Related Companies L.P, Oxford Properties Group Inc.
추진 일정	2014년 12월 시공/2019년 5월 완공
용도	주거 공간
건축가	Kohn Pedersen Fox/Diller Scofidio + Renfro/Rockwell Group

(4) 35 허드슨 야드

• 35 허드슨 야드 외관*

구분	내용
위치	33rd Street and Eleventh Avenue, Manhattan, New York City
면적	105,000m^2
규모	지상 72층, 높이 308m
시행사	The Related Companies L.P, Oxford Properties Group Inc.
추진 일정	2015년 시공/2019년 3월 완공
용도	주거 복합 단지(사무 공간, 소매 공간, 주거 공간 등)
건축가	Kohn Pederson Fox/David Childs

(5) 50 허드슨 야드

• 50 허드슨 야드 예상도*

구분	내용
위치	33rd Street and 10th Avenue, Manhattan, New York City
면적	270,000m^2
규모	지상 58층, 높이 308.2m
시행사	The Related Companies L.P, Oxford Properties Group Inc.
추진 일정	2018년 시공/2022년 완공
용도	주거 복합 단지(사무 공간, 소매 공간, 주거 공간 등)
건축가	Foster + Partners

(6) 55 허드슨 야드

• 55 허드슨 야드 외관*

구분	내용
위치	55 Hudson Yards, New York, NY 10001
면적	163,000m^2
규모	지상 51층, 높이 240m
시행사	The Related Companies L.P, Oxford Properties Group Inc.
추진 일정	2015년 1월 시공/2019년 완공
용도	사무 공간 및 상업 시설
건축가	Kohn Pedersen Fox/Roche-Dinkeloo

(7) 더 셰드(The Shed)

• 더 셰드 외관*

구분	내용
위치	545 W. 30th Street, New York NY 10001.
면적	약 20,200m²(건물 자체 면적 18,500m² + 확장 면적 1,520m²)
규모	지상 3층, 지하 1층, 높이 21m
추진 일정	2017년 시공/2019년 5월 개장
용도	문화 예술 공간
건축가	Diller Scofidio + Renfro/Rockwell Group
특징	- 위의 지붕이 레일을 따라 이동을 하여 덮어지는 공간만큼 면적이 넓어짐 - 지붕의 움직임에 따라 생기는 공간을 'McCourt'라 부름 - 'McCourt'에는 다양한 설치 미술이나, 콘서트, 공연 등을 진행함

(8) 베슬(Vessel)

• 베슬 외관*

구분	내용
위치	10 Hudson Yards, 347 10th Ave, New York, NY 10001
비용	약 2억 달러(한화 약 2,273억 원)
규모	46m 높이(약 15층 건물 높이)
추진 일정	2017년 4월 시공/2019년 3월 15일 개장
용도	전망대
디자이너	Thomas Heatherwick
특징	- 입장료 '무료' - 같은 높이에서 다양한 각도로 전망을 살필 수 있음 - 노약자용 엘리베이터가 있음 - 벌집 형태를 띠고 있으며, 계단 2,500개가 연결됨

(9) 에지 전망대(Edge Observation Deck)

• 에지 전망대 출처: EDGE 홈페이지

구분	내용
위치	30 Hudson Yards, New York, NY 10001
높이	약 1,131ft(약 345m)
추진 일정	2014년 10월 시공/2019년 3월 15일 개장
용도	전망대
디자이너	Kohn Pedersen Fox(건축가 및 총괄 기획자)
특징	- 30 허드슨 야드 100층에 위치한 삼각형 전망대 - 세계에서 두 번째로 높은 야외 전망대 - 바닥은 투명한 유리로 되어 있으며 건물 외부로 돌출된 구조로 맨해튼 시내와 이스트 리버의 전경을 생생하게 감상할 수 있음 - 360도 파노라마 뷰를 제공하며 해럴드 스퀘어, 엠파이어 스테이트 빌딩 등 다양한 랜드마크를 볼 수 있음

3. 원 월드 트레이드 센터

9.11테러로 붕괴된 세계무역센터 복합 재개발

1. 프로젝트 개요

- One World Trade Center(1WTC). 2001년 9월 11일 테러로 붕괴되기 전까지 이전의 세계 무역 센터가 위치해 있던 자리에 재건한 복합 건물로 9.11테러를 잊고 전세계 비즈니스 중심지이면서 글로벌 아이콘으로 랜드마크화한 미국에서 가장 높은 오피스 건물
- 데이비드 차일즈(David Childs)(Skidmore, Owings & Merrill)가 설계했으며 토지 소유는 뉴욕 뉴저지 항만공사(Port Authority of New York and New Jersey)와 더 더스트 오거나이제이션(The Durst Organization)(5%)이며 시행개발사는 99년간을 임차한 실버스타인 프로퍼티스(Silverstein Properties)가 2006년 4월 27일에 착공하여 2014년 11월 완공
- 프리덤 타워(Freedom Tower)라고 불리며 5개의 건물 중 가장 높으며 예전 세계무역센터 빌딩과 동일한 417m로 지어졌으나 옥상에 설치된 첨탑을 포함하면 541m로 미국 내에서 가장 높은 빌딩임. 총 연면적이 32만 5,279m²(9만 8,400평)이며 전체 층은 104층으로 91~99층과 103~104층은 기계실임

• 원 월드 트레이드 센터 외관

구분	내용
위치	285 Fulton Street Manhattan, New York City
면적	연면적 325,279m²(9만 8,400평)
규모	지상 104층, 지하 5층, 높이 514m, 사업비 39억 달러(40조 원)
소유	뉴욕 뉴저지 항만공사(Port Authority of New York and New Jersey) The Durst Organization(5%)
시행사	Silverstein Properties
추진 일정	2006년 4월 착공/2014년 11월 오픈
용도	오피스, 상업, 주차장 등
입주사	세계적인 미디어 기업인 콘데 나스트(Condé Nast)가 55% 이상 임차 Servcorp, Legends, ids, GSA 등 글로벌 기업이 입주

▣ 오피스 타워로 건설되었으며 건설 비용 39억 달러(40조 원). 건설 비용은 개발 시행사인 실버스타인사가 9.11테러로 보상받은 10억 달러 보험금과 뉴욕시가 2억 5,000만 달러, 뉴욕 뉴저지 항만공사 채권 매각 대금 10억 달러 등으로 충당됨

▣ 세계적인 미디어 기업인 콘데 나스트가 55% 이상 임차하고 있으며 무디스 애널리틱스(Moody's Analytics), 델로이트(Deloitte) 등 글로벌 기업이 입주

▣ 빌딩의 하반부는 두꺼운 콘크리트로 제작되었으며 이는 1993년 세계무역센터 폭탄 테러나 1995년 오클라호마 폭탄 테러처럼 차량을 이용한 폭탄 테러를 방지할 목적으로 구성됨

2. 개발 역사

▣ 세계 무역 센터(WTC; World Trade Center)는 뉴욕 맨해튼에 위치했던 거대 복합 건물로 이 쌍둥이 빌딩은 1973년 4월 4일 개장했으나 9.11 테러로 인해 2001년 9월 11일 아침 붕괴되었으며 사고 당일 오후에는 쌍둥이 빌딩 붕괴로 인한 충격으로 7월드 트레이드 센터 또한 붕괴하였음

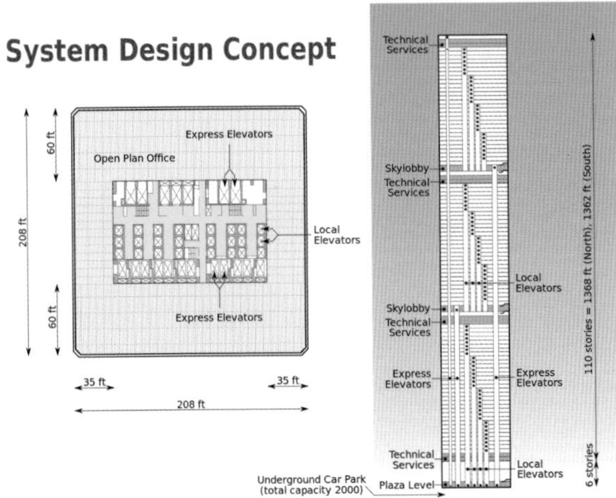

• 원 월드 트레이드 센터 시스템 디자인 컨셉도*

▣ 이 복합 단지가 완공될 시점에서 1 월드 트레이드 센터는 417m, 2월드 트레이드 센터는 415m로 세계에서 가장 높은 빌딩이었음

▣ 복합 단지에 속한 건물에는 메리어트 월드 트레이드 센터, 4월드 트레이드 센터, 5 월드 트레이드 센터, 6 월드 트레이드 센터, 7 월드 트레이드 센터가 있었는데 이 모든 건물은 1975년부터 1985년 사이에 개장했으며, 건설 비용으로 4억 달러(2014년 기준 23억 달러)가 들었음

▣ 세계 무역 센터는 1975년 2월 13일 대형 화재가 발생했고 1993년 2월 26일 한 차례 폭탄 테러를 당했으며 1998년 1월 14일 뱅크 오브 아메리카에서 강도 사건이 발생했고 1998년 항만위원회가 세계 무역 센터의 민영화를 결정하고 민간 기업에 건물을 임대하기로 했으며 결국 2001년 7월 실버슈타인 부동산에 임대했음

▣ 2001년 9월 11일 아침, 알카에다의 사주를 받은 테러범이 보잉 767 2기를 하이재킹하여 오전 8시 46분에 북쪽 건물, 오전 9시 3분에 남쪽 건물에 충돌하는 테러를 일으켜 화재 56분 후인 오전 9시 59분 남쪽 건물이 붕괴했으며 그로부터 29분 후인 10시 28분에는 북쪽 건물도 붕괴하여 2,763명이 사망했음.

▣ 붕괴 이후 세계 무역 센터의 잔해를 청소 및 정리하는 데 8개월이 걸렸으며 10년이 더 지나서 세계 무역 센터의 잔해 주변에 신세계 무역 센터가 건설되었으며 이 피해 지역에는 고층 빌딩 6채와 9.11 테러의 추모 공간인 국립 9.11 테러 메모리얼 & 박물관, 새로운 PATH 역이 개통되었음

▣ 원 월드 트레이드 센터 디자인

- 기존의 세계 무역 센터와 같은 디자인으로 시공하고자 하였으나 9.11 테러 피해 유가족들의 반발로 인하여 여러 가지 디자인 공모를 통해 현재의 디자인으로 수립

3. 입주사

• 원 월드 트레이드 센터 입주사

출처: wtc.com

4. WTC 복합 컴플렉스

■ WTC 복합 컴플렉스는 원 월드 트레이드 센터 외에 세계 무역 센터(World Trade Center) 2, 3, 4, 7동, 9.11 박물관과 기념관, 세계 무역 센터 교통 허브(World Trade Center Transportation Hub) 등으로 구성됨

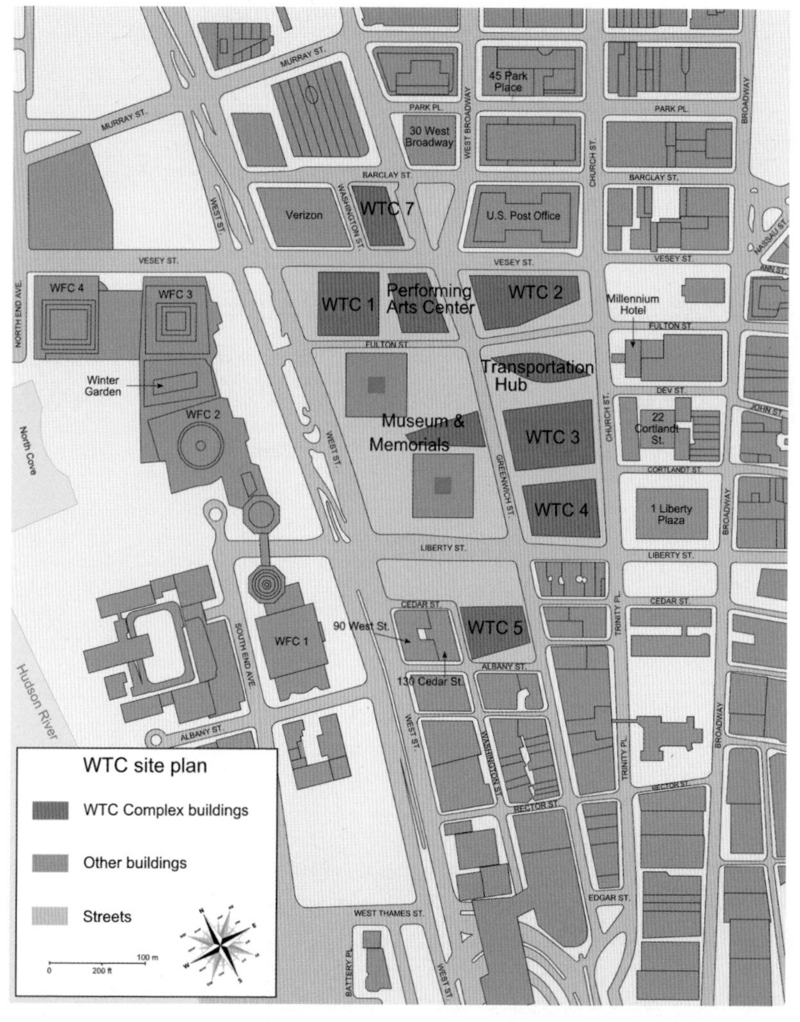

• WTC 복합 컴플렉스 지도*

WTC 복합 컴플렉스 주요 내용

건물 명칭	높이	층수	용도	현황	완공
1 WTC	541m	104층	오피스, 전망대, 쇼핑몰	개장	2014.11.01.
2 WTC	409m	80층	오피스	공사 중단	미정
3 WTC	378m	70층	오피스, 호텔	개장	2018.06.11.
4 WTC	298m	72층	오피스, 전망대	개장	2013.11.13.
5 WTC	220m	43층	오피스	착공	미정
7 WTC	226m	52층	오피스	개장	2006.05.23
9.11 메모리얼 파크			박물관, 추모시설	개장	2014.05.21.
세계무역센터 교통 허브			환승센터, 지하철역, 쇼핑몰	개장	2016년

(1) 원 월드 트레이드 센터 전망대(One World Observatory)

- 원 월드 트레이드 센터 102층에 위치
- 총 3층으로 구분된 전망대는 각각 360도로 뉴욕의 경치 감상 가능
- 100층과 101층에도 접근이 가능한데 100층은 최신 기술이 반영된 비디오를 볼 수 있는 2대의 대화형 비디오로 뉴욕의 상세 이미지 시청이 가능하며 또한 바닥 아래 뉴욕의 전경을 볼 수 있는 원형의 화면을 볼 수 있음(101층은 카페와 식당)

• 원 월드 전망대 내부

출처: tripadvisor.com

- 세계에서 가장 빠른 초고속 엘리베이터 '스카이팟(Sky Pod)'을 타고 47초 만에 102층까지 도착하며 올라가는 동안 뉴욕의 스카이라인이 수년간 어떻게 지어졌는지를 보여 주는 흥미로운 타임랩스 비디오 시청으로 뉴욕의 15세기부터 현재까지 맨해튼 도시의 시대적 변천을 3차원 입체 컴퓨터 그래픽으로 표현

• 원 월드 전망대 내부*

(2) 오큘러스(Oculus) - World Trade Center Transportation Hub(기차허브역)

- 세계 무역 센터 기차 허브역(World Trade Center Transportation Hub)은 스페인 건축가 산티아고 칼라트라바(Santiago Calatrava)가 설계했는데 새 날개 모양의 디자인으로, 공사비만 4조 원이 소요되었고 가로 25m, 세로 107m로 세계에서 가장 비싼 기차역으로 알려졌으며 매일 25만 명의 이용객이 출퇴근에 이용함

• 오큘러스 외관

• 오큘러스 내부

5. 9.11 추모비 및 박물관

- 2001년 9월 11일 테러로 사망한 2,977명을 기리기 위해 만들어진 곳
- 추모비는 마이클 어레드(Michael Arad)와 피터 워커 앤드 파트너스(Peter Walker and Partners)가 제작하였으며 청동 패널에 2001년과 1993년 테러로 인해 희생자들의 이름이 적혀 있음
- 9.11 박물관은 약 1만 220m^2 넓이이며 세계 무역 센터의 중심에 위치해 있고 박물관 내부에는 9.11 사건과 1993년 폭발 테러에 관한 내용이 있음

• 9.11 추모비 외관

• 9.11 추모비에 새겨진 희생자들의 이름

4. 웨스트필드 월드 트레이드 센터

월드 트레이드 센터 단지 내 대형 쇼핑몰

1. 프로젝트 개요

▣ Westfield World Trade Center. 영국과 미국을 기반으로 하는 유통업체인 웨스트필드 그룹(Westfield Group)이 투자한 월드 트레이드 센터(World Trade Center) 복합 단지 내의 쇼핑몰로 스페인 건축가 산티아고 칼라트라바가 설계한 오큘러스(Oculus) 내에 위치함

▣ 120개가 넘는 세계적인 명품 브랜드와 이탈리(Etaly) 등 유명 세계 맛집이 입점하였으며 쇼핑몰 오픈으로 1만 명 이상의 고용이 창출됨

• 웨스트필드 월드 트레이드 센터 내부

2. 주요 특징

구분	내용
면적	34,472m^2(1만 428평)
개장	2016년 8월 16일
투자비	한화 약 1조 5,000억 원
투자사	웨스트필드 투자회사 지분 100%
주요 입점 브랜드	휴고 보스(Hugo Boss), 존 바바토스(John Varvatos), 마이클 코스(Michael Kors), 스튜어트 위츠맨(Stuart Weitzman), 턴벌 앤 아서(Turnbull & Asser), LK 베네츠(LK Bennett), 쟈딕 앤 볼테르(Zadig et Voltaire), 리스(Reiss), 바나나 리퍼블릭(Banana Republic), 캠퍼(Camper), 콜 한(Cole Haan), 빈스 카무토(Vince Camuto), 알도 앤 듄(Aldo and Dune) 등
주요 식당	초자 타케리아,(Choza Taqueria), 이탈리(Eataly), 쉑쉑(Shaek Shack), 데본 앤드 블레이클리(Devon & Blakely) 등

• 웨스트필드 월드 트레이드 센터 내부

5. 하이라인

철도 산업 자산의 재생 개발로 지역 활성화

1. 프로젝트 개요

- High Line Park. 1930년대의 화물 열차용 고가 철도를 공원으로 조성하여 2009년 개장 이후 뉴욕의 새로운 명소로 각광받고 있으며 인근 지역 활성화에 크게 기여함
- 과거 화물 운송 기차가 다니던 웨스트사이드의 22개 블록에 걸쳐 있는 버려진 고가 철도를 공원으로 재생 개발하였으며 서울역 앞 고가를 철거하고 만든 서울로 7017이 하이라인을 벤치마킹한 대표적 재생 사례임
- 1980년에 폐선되어 우범 지역으로 전락한 1930년대의 화물 열차용 고가 철도를 공원으로 조성하여 인근 지역을 활성화시킨 사업으로 지상 9m 높이에 총 길이는 2.33km로 웨스트 사이드 라인(West Side Line)이라는 폐기된 뉴욕 센트럴 레일웨이스(New York Central Railways)의 상승부에 만들어진 고가 화물 노선을 선형 공원으로 재생한 사업
- 조경 설계자인 제임스 코너 필드 오퍼레이션스(James Corner Field Operations) 주도의 디자인 팀은 기존 인프라를 현대 조경의 아이콘이 된 여러 분야(조경, 도시 디자인, 생태학 등)에서 만들어 내는 "살아 있는 시스템"으로 검토
- 프랑스 파리 12구역에 위치한 버려진 고가 철도 위에 지어진 4.7km 길이의 선형 공원인 프롬나드 플랑테(Promenade Plantée)를 벤치마킹하여 공중 녹색 도로에 꽃과 나무를 심고 벤치를 설치해서 공원으로 재생함

▣ 갠스부트 스트리트(Gansevoort Street)에서 웨스트 34번 스트리트까지 2.33km의 철도를 도시 공원으로 재사용한 것은 2009년에 제1단계, 2011년 제2단계, 제3단계를 거쳐, 2014년 9월 21일 정식으로 오픈하여 연간 500만 명의 방문객이 방문함

▣ 하이라인 루트

• 하이라인의 위치

출처 :The High Line: New York City's Park in the Sky

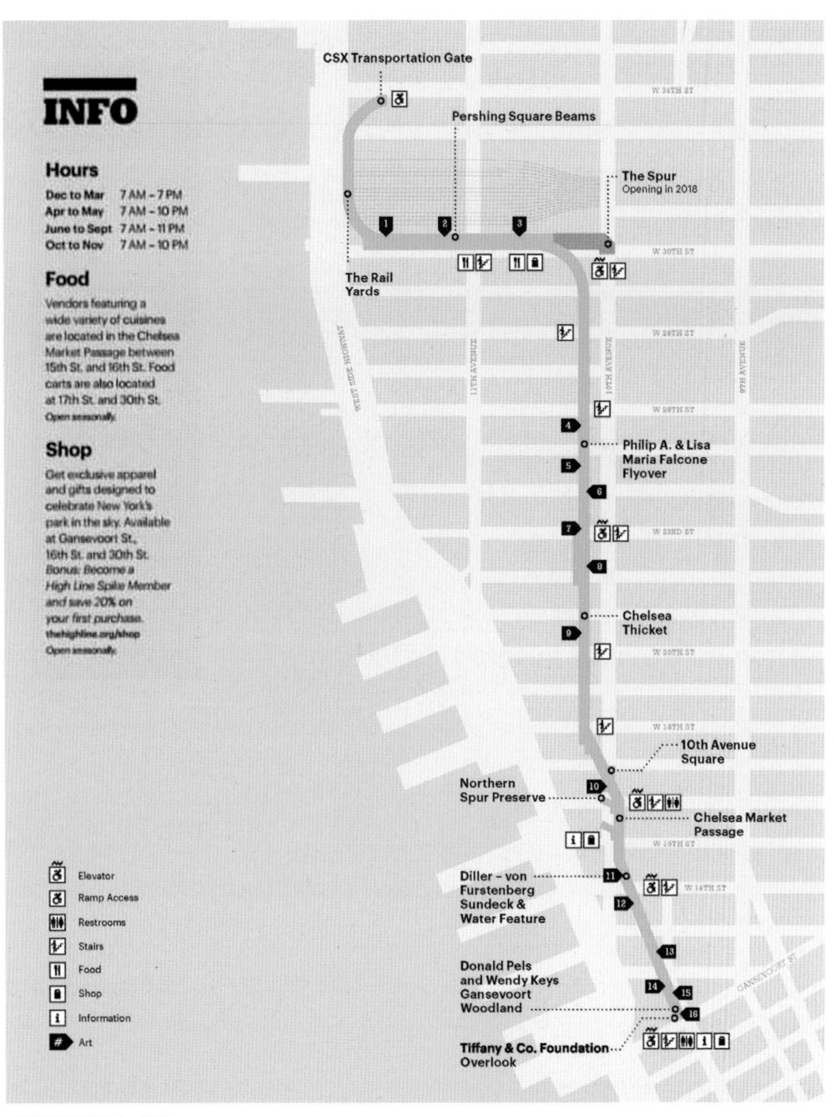
INFO
Hours
Dec to Mar 7 AM – 7 PM
Apr to May 7 AM – 10 PM
June to Sept 7 AM – 11 PM
Oct to Nov 7 AM – 10 PM
Food
Vendors featuring a wide variety of cuisines are located in the Chelsea Market Passage between 15th St. and 16th St. Food carts are also located at 17th St. and 30th St.
Open seasonally.
Shop
Get exclusive apparel and gifts designed to celebrate New York's park in the sky. Available at Gansevoort St., 16th St. and 30th St.
Bonus: Become a High Line Spike Member and save 20% on your first purchase.
thehighline.org/shop
Open seasonally.
Elevator
Ramp Access
Restrooms
Stairs
Food
Shop
Information
Art
CSX Transportation Gate
Pershing Square Beams
The Spur
Opening in 2018
The Rail Yards
Philip A. & Lisa Maria Falcone Flyover
Chelsea Thicket
10th Avenue Square
Northern Spur Preserve
Chelsea Market Passage
Diller – von Furstenberg Sundeck & Water Feature
Donald Pels and Wendy Keys Gansevoort Woodland
Tiffany & Co. Foundation Overlook
11TH AVENUE
10TH AVENUE
GANSEVOORT ST

• 하이라인 방문 노선도

2. 하이라인 개발 경과

▣ 1934년 웨스트 사이드 개선 프로젝트의 일환으로 하이라인 열차가 개통됨. 스프링 스트리트(Spring Street)에 있는 34번 스트리트에서 세인트 존스 파크 터미널(St John's Park Terminal)까지 운행. 맨해튼 최대의 공업 지역 사이에 물자를 운반하는데, 건너편이 아닌 블록의 중심을 통과하도록 설계함

▣ 1980년대

- 트럭 화물 운송 업계의 성장 속에 기차 운송은 쇠퇴하고 1980년 하이라인이 폐쇄되고 폐허로 방치됨. 땅 소유자 그룹이 전체 구조의 해체를 위해 로비 활동을 벌였으나 첼시 거주자, 시민 활동가, 철도 애호가들이 법원의 해체 작업에 반대 운동을 함

▣ 1999년

- 하이라인의 공공 오픈 스페이스로 보존 및 재생을 주장하기 위해 하이라인 지역의 청년 주민인 조슈아 데이비드(Joshua David)와 로버트 해먼드(Robert Hammond)에 의해 하이라인의 친구(Friends of the High Line)가 설립됨

▣ 2002~2003년

- 하이라인의 보존 및 재사용 계획 프레임 워크가 시작되어 하이라인의 설계가 시작됨

▣ 2004년 3월~9월

- 세계 36개국에서 720개 팀이 설계 공모에 참가하였으며 제임스 코너 필드 오퍼레이션스(James Corner Field Operations) 팀 딜로 스코피디오 렌프로(Diller Scofidio+Renfro)사가 당선됨

▣ 2005~2006년

- 2005년 11월 부지 소유자인 CSX Transportation, Inc가 기부한 하이라인의 소유권을 뉴욕시가 받았으며 2006년 4월에 기공식 실시함

▣ 2009년 6월 9일

- 1단계 오픈: 갠스부트가(Gansevoort Street)~웨스트 20번 스트리트 0.8km

▣ 2011년 6월 8일

- 2단계 오픈: 웨스트 20번 스트리트~웨스트 30번 스트리트 1.6km

▣ 2014년 9월 21일

- 3단계 오픈: 웨스트 30번 스트리트~웨스트 34번 스트리트

▣ 주요 개발 경과 사진

- 1930년대

• 1930년대 하이라인*

• 하이라인 설계도

출처: thehighline.org

▣ 사업 구조 및 재원

- 하이라인 파크는 총 2.3km의 철도를 3구간으로 나누어 진행하며 총 사업 구간은 2.79ac, 22개의 블록이 포함됨
- 예산은 약 2억 4,230만 달러에 이르며 별도의 운영 예산도 필요하였는데 공공의 예산뿐 아니라 민간의 적극적 기부를 통해 상당 부분의 경비를 충당함
- 1구간과 2구간의 예산은 1억 5,230만 달러 수준이며, 공공에서는 뉴욕시 1억 1,230만 달러, 연방정부 2,000만 달러, 주정부 40만 달러의 예산을 분담하고 민간단체인 FHL은 유력 인사들의 거액의 기부를 비롯하여 개인의 자발적인 기부를 통해 4,400만 달러를 모금하였음
- 3구간의 예산은 9,000만 달러 수준으로 철도 부지를 소유한 CSX교통사가 3구간 부지를 뉴욕시에 기부하여 사업이 진행되었으며, 현재 하이라인 운영 예산의 90% 이상은 기부금으로 충당하여 운영하고 있음

3. 하이라인 개발 의의와 시사점

▣ 철도 레일 구간의 공원화로 '21세기 센트럴 파크'라는 평가도 받고 있으며 하이라인 파크의 탄생으로 공원 주변은 뉴욕에서 가장 지가가 비싼 지역으로 탈바꿈

▣ 개장 이후 1단계 사업지구 일대에서는 2,558가구의 주거용 부동산, 1,000개 이상 객실의 호텔, 8만 5,000채의 오피스, 갤러리 등 적극적인 민간개발이 이루어졌으며, 2009년 개장 이후 연간 500만 명 이상이 방문하고 있으며 관광 명소가 되었음

▣ 뉴욕시에 따르면 2009년부터 2011년까지 20억 달러 이상의 민간 투자, 1만 2,000개의 새로운 일자리, 29개 이상의 개발 사업 창출 효과를 발휘하였음

▣ 하이라인 파크의 성공에서 가장 큰 시사점 중의 하나는 개발권 이양 제도의 활용임. 뉴욕시에서 이 제도를 적극 활용하여 개발론자와 보존론자 양쪽 모

두의 지지를 확보하고 FHL(Friends of the High Line)과 같은 비영리 단체의 적극적 참여와 기부금을 사업 및 운영 재원으로 활용한 점도 성공 사례임

※ 특정 지역 내의 개발권 이전이 블록 간에도 가능하도록 유연하게 반응함으로써 매도자에게 보다 많은 수익을 제공할 수 있게 되었음

▣ 하이라인 파크 사업은 공중권(air right)과 개발권 이양 제도를 폭넓게 인정하는 한편 공공 공간(public open space) 확보를 위한 규제를 강화하여 다수 이해 당사자들의 지지를 확보하였음

▣ 하이라인 재개발은 뉴욕시, 뉴욕주, 철도회사, 토지주, 건물주, 주민 등 각종 당사자들의 이해관계가 얽혀 있어 조정이 어려운 사업이었으나, 뉴욕시는 2005년 하이라인 지역을 '특별 목적 지역(Special Purpose Districts)'으로 리조닝(rezoning) 하면서 하이라인 아래의 토지 소유주뿐 아니라 인접지까지 개발권 이양을 가능하도록 인정해 주었음

▣ 개발권 이양의 허용으로 민간 개발을 유도하는 한편 공공은 하이라인 인접 지역의 개발시 지역과 조화를 이룰 수 있도록 건축 규제를 적용하였음

▣ 특히, 하이라인에 바로 인접한 건축물은 전면의 최소 60%가 하이라인보다 높게 설계할 수 없고 최소 7.6m 이상 건축선을 후퇴시켜야 하는데, 나머지 40%에 대해서는 최대 허용 건축물 높이로 건축이 가능함

▣ 부지 면적에 최소 20% 이상의 오픈 스페이스가 확보되어야 하며, 특정 지역(10th Avenue)에 대해서는 기존 도심과의 조화, 스카이라인 등을 고려하여 하이라인과 접하지 않은 건축물 반대편 전면에 대한 높이 규제도 이루어졌음

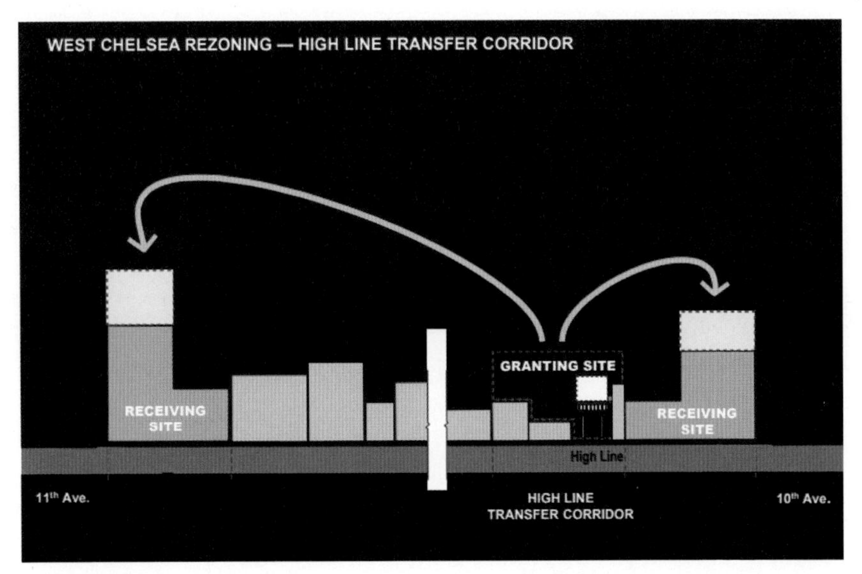

• 하이라인 리조닝 출처: The High Line: New York City's Park in the Sky

- ▣ 하이라인이 시작하는 곳인 갠스부트 스트리트에 렌초 피아노(Renzo Piano)가 설계한 휘트니 미술관이 2015년 5월 1일에 오픈하는 등 각종 미술관, 박물관 등이 위치하며 지역의 문화 활동을 지원할 수 있는 미니 공연장 등 전시장이 마련되어 문화예술 명소가 됨
- ▣ 친환경 디자인으로 계절마다 개화 시기가 다른 화초를 심어 방문객이 항상 꽃을 볼 수 있도록 하고 유지비용 절감을 위해 자생력이 강한 화초를 선정하며 나비와 새들을 위한 서식지에는 시민들이 참여하여 생태계 의식을 고취함
- ▣ 하이라인공원이 만들어지는 디자인 과정 프로그램과 조경, 식재, 정원 관리 등을 배우는 정원 프로그램, 아트 프로그램 등 다양한 시민 참여 프로그램 운영
- ▣ 한쪽에서는 허드슨강을 구경하고 다른 쪽에서는 뉴욕 고층 빌딩 등 뉴욕 전경을 바라볼 수 있도록 조망이 훌륭한 곳에 벤치를 설치하여 아름다운 전망을 감상할 수 있음

• 하이라인 공원 산책로들

4. 하이라인 친구들(FHL) 역사

▣ FHL(Friends of the High Line)은 맨해튼 서부 1.5마일 길이의 역사적인 고가 철로 구조물인 하이라인의 보존과 재생을 목적으로 두 명의 첼시 주민이 1999년 설립한 비영리 단체임

▣ 2001년 4월, FHL은 하이라인을 보존하고 레일 뱅크화하여 재생하고자 100여 개의 시민 단체와 주민 단체를 모아 주정부와 연방 법제 위원회를 위한 뉴욕시 의회에서 증언함

▣ 2001년 후반 퇴임을 앞둔 줄리아니 시장이, 시정부가 하이라인을 철거하는 문서에 서명하자 FHL은 법적으로 대항하여 시정부가 필요한 공공 검토 절차를 수행하지 않았다고 주장하였으며 2002년 3월 승소함

▣ 2002년 초반, FHL은 하이라인 되찾기(Reclaiming HighLine)라는 계획 연구를 새로 취임한 마이클 블룸버그 시장에게 제출함. 이 보고서는 공용 공간 설계 신탁(Design Trust for Public Space)과의 합작으로 하이라인을 공용 공간으로 재생하는 데 대한 경제적 이익을 설명함

▣ 1999년 이후, FHL은 연예인과 정치인 등을 포함한 약 1,500명 회원의 지원을 받아 이 구조물의 보존을 위한 모금 활동 및 홍보 활동을 진행하였는데 결과는 아주 성공적이었음

▣ FHL의 두 창립자인 조슈아 데이비드와 로버트 해먼드는 지역 주민의 행동주의를 사업가 정신과 연계할 수 있었으며 정치가와 유명인들의 지지를 받아 낸 것과 더불어 이들은 참여하고자 하는 모든 이와 함께하는 포용적이고 개방적인 대화를 지속적으로 개최함으로써 점점 힘을 얻게 되었음

▣ 이 단체가 자랑스러워하는 한 가지는 720개 단체가 참여한 선형 수영장, 롤러 코스터, 감옥 등 아이디어 공모전이었으며 FHL은 현재 15명의 전임 임원을 고용 중임

• FHL 창립자 조슈아 데이비드와 로버트 해먼드 출처: nytimes.come

6. 루스벨트 아일랜드

제2의 실리콘밸리 단지 개발 계획

1. 프로젝트 개요

▣ Roosevelt Island. 미국의 32대 대통령이었던 루스벨트의 이름으로 지어진 섬으로 뉴욕시 동쪽에 위치하며 길이 2km, 넓이 240m, 0.6km^2, 거주자 1만 2,000명으로 여의도 면적의 5분의 1 정도

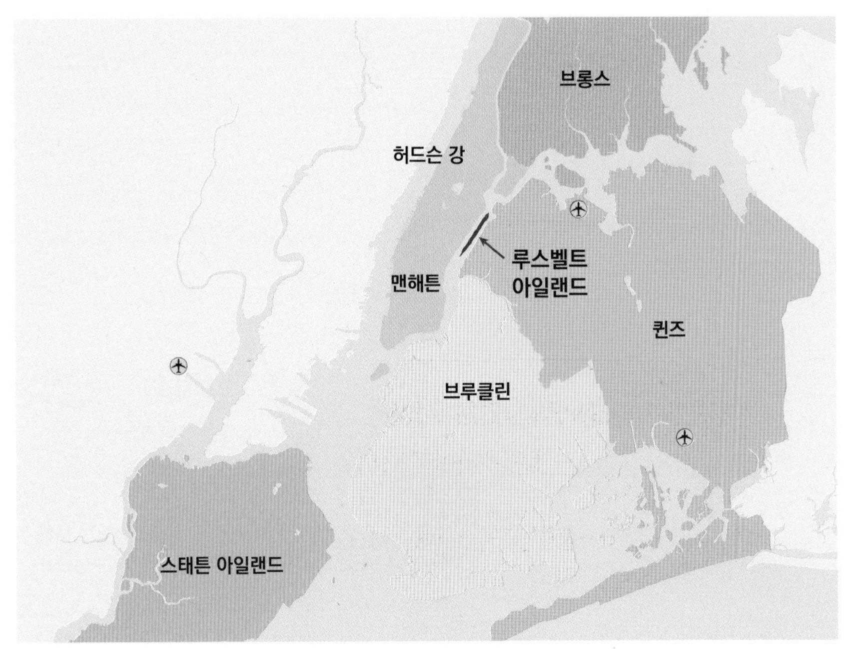

• 루스벨트 아일랜드 위치도

▣ 1969년에 뉴욕시가 뉴욕스 어번 디벨롭먼트 코퍼레이션(New York's Urban Development Corporation)에 99년간 임대를 주었으며 대부분의 주거 빌딩은 임대형이나 최근에는 맨해튼과의 인접성 및 주거 환경이 우수한 고급 콘도 단지 등으로 인해 부동산 가격이 높은 부촌 지역으로 탈바꿈함

- 1686~1921년 블랙웰스 아일랜드(Blackwell's Island)로 불렸던 작은 격리된 섬 마을은 정신병원, 천연두 환자 전문병원, 감옥 등이 위치한 곳이었음
- 뉴욕시는 중소 서민형 공공 임대아파트 프로그램인 미셸 라마 하우징 프로그램(Mitchell-Lama Housing Program)으로 공공 임대 아파트를 건설, 개발업자들에게 세제 혜택 등을 부여함

▣ 최근에는 뉴욕시가 미국 서부의 실리콘 밸리에 이어 제2의 실리콘밸리 계획을 세워 미국 명문 아이비리그 중 하나인 코넬 대학의 코넬 테크(Cornell Tech)를 유치하여 세계 벤처 시장의 중심지로 개발하고 있음

- 코넬 대학교가 공대 대학원 캠퍼스를 건설하는 데 2조 원을 투자하면서 신생 벤처기업을 위한 인큐베이터 역할을 하기 시작하고 멘토 제도를 도입함으로써 기업가 정신을 함양하는 체계적인 교육과 벤처 시장에서 성공한 구글, 페이스북, 트위터 등의 회사의 임원이 직접 강의를 하는 등 글로벌 엔지니어를 육성할 계획

▣ 맨해튼 시내에서 루스벨트 아일랜드까지 트램(영화 스파이더맨에도 나온 트램)을 이용해서 보는 야경 명소로 교외 작은 마을을 방문하는 아기자기한 방문 장소로 최근 인기를 얻고 있음

• 루스벨트 아일랜드 전경*

• 맨해튼 시내에서 루스벨트 아일랜드로 가는 케이블카

2. 루스벨트 아일랜드 역사

▣ 1637년 네덜란드 통치자 바우터 반 트윌러(Wouter van Twiller)가 인디언 원주민으로부터 구입 후, 영국이 네덜란드와의 전쟁에서 이기고 1796년 제이콥 블랙웰(Jacob Blackwell)이 블랙웰 하우스(Blackwell House)를 건축하였으며 이는 현재 루스벨트 아일랜드의 가장 오래된 랜드마크 건축물

▣ 1686~1921년 블랙웰스 아일랜드로 불렸던 작은 격리된 섬마을로 과거에는 맨해튼과 퀸즈 버러 등 일반인 거주지에 두지 못했던 정신병원, 천연두 환자 전문병원, 감옥 등이 위치한 곳이었으며 1921년부터 뉴욕시 병원 건립 이후 웰페어 아일랜드(Welfare Island)로 개명되었으며 감옥과 전염병 환자 전문 수용 병원이 폐쇄된 후 1973년부터 '루스벨트 아일랜드'로 변경됨

- 1973년 뉴욕 주지사 넬슨 록펠러(Nelson Rockfeller)와 시장 존 린제이(John Lindsay)는 대공황과 세계 2차대전이 일어났던 시기 미국을 이끈 프랭클린 D. 루스벨트(Franklin D. Roosevelt) 32대 대통령을 기리는 새로운 기념물을 계획하여 건축가 루이스 칸(Louis Kahn)이 목탄으로 개발 계획을 스케치로 그렸음
- 루이스 칸이 1974년 사망 후 원래 개발 계획은 40년이 지난 2003년 루이스 칸의 아들 너새니얼 칸(Nathaniel Kahn)이 아버지의 일생을 담은 다큐멘터리 영화 〈마이 아키텍트(My Architect)〉를 루스벨트 재단 이사장 윌리엄 밴덴 휴블(William Vanden Heuvel)이 시청 후 2005년 공원 건설이 다시 추진되어 많은 지원금과 기부금이 조성되었고 2010년 착공하여 40여 년 전의 디자인이 별다른 수정 없이 2012년 10월 완공됨

▣ 오래된 역사의 섬으로 1889년 건축된 채플 오브 더 굿 셰퍼드(Chapel of the Good Shepherd), 1796년 건축된 블랙웰스 하우스 등을 비롯해 유서 깊은 건축물이 많으며 사우스포인트(South point) 공원, 노스 포인트 라이트하우스(North Point Lighthouse)(1872년 완공) 등 공공 건축물과 갤러리 RIVAA(Roosevelt Island Visual Art Association) 등이 있음

▣ 섬 면적의 3분의 1은 주택 단지를 형성하고 있고, 3분의 1은 일반 공공기관과 코넬 대학교 캠퍼스, 나머지는 공원 시설로 구성됨

• 블랙웰스 하우스

• 노스 포인트 라이트하우스

• 케이블카 출처: 영화 〈스파이더맨〉

3. 코넬 테크(제2의 실리콘밸리)

(1) 개요

▣ 코넬 대학교(Cornell University)의 대학원 캠퍼스이자 기술 센터로 코넬 대학교와 이스라엘 최초 대학인 테크니언-이스라엘 인스티튜트 오브 테크놀로지(Technion-Israel Institute of Technology)의 합작으로, 뉴욕시의 기술 및 경제 발전을 촉진하는 데 기여하기 위해 설립되었음

▣ 기술 혁신과 창업 촉진을 목표로 기술, 경영, 법학, 전자공학 등 다양한 분야에서 석사 및 박사 과정을 제공하며 여러 산업과의 협업과 융합을 통해 실질적인 성과를 내는 것을 중시함

▣ 세계에서 가장 진보된 캠퍼스를 자랑하며 엄격하고 실용적인 연구와 학제간 혁신을 통해 뉴욕시를 포함한 전 세계의 지속 가능한 경제적, 사회적 번영을 발전시키는 데에 기여하고 있음

• 코넬 테크 캠퍼스 전경*

(2) 설립 과정

▣ 2008년, 금융 위기를 겪은 뒤 뉴욕시는 기존의 경제 구조에서 벗어나 기술 및 과학 분야를 포함한 다양한 산업 육성에 대한 필요성을 절감했고 당시 뉴욕 시장이었던 마이클 블룸버그는 뉴욕시가 실리콘밸리와 같은 기술 혁신 허브로 자리 잡을 수 있도록 첨단 과학 및 기술 교육을 제공하는 새로운 대학 캠퍼스를 유치하고자 했음

▣ 2011년 마이클 블룸버그는 어플라이드 사이언시스(Applied Sciences) NYC 이니셔티브의 일환으로 전 세계 대학들에 뉴욕시에 새로운 과학 및 기술 캠퍼스 설립을 제안하는 공모를 개최했고, 이 공모를 통해 뉴욕시의 경제를 다각화하고 새로운 일자리 창출과 기술 혁신 촉진을 유도했음

▣ MIT, 스탠퍼드, 코넬 대학 등 세계 최고의 대학들이 입찰에 참여해 제안서를 제출했고 혁신성, 실현 가능성, 경제적 영향 등을 기준으로 평가된 제안 중 코넬 대학교와 이스라엘의 테크니언-이스라엘 인스티튜트 오브 테크놀로지의 공동 제안이 최종적으로 선정되어 뉴욕시의 경제 및 기술 발전에 도움을 주고 있음

• 코넬 테크 건물 외관 출처: 코넬 테크 공식 홈페이지

• 타타 이노베이션 센터 출처: 코넬 테크 공식 홈페이지

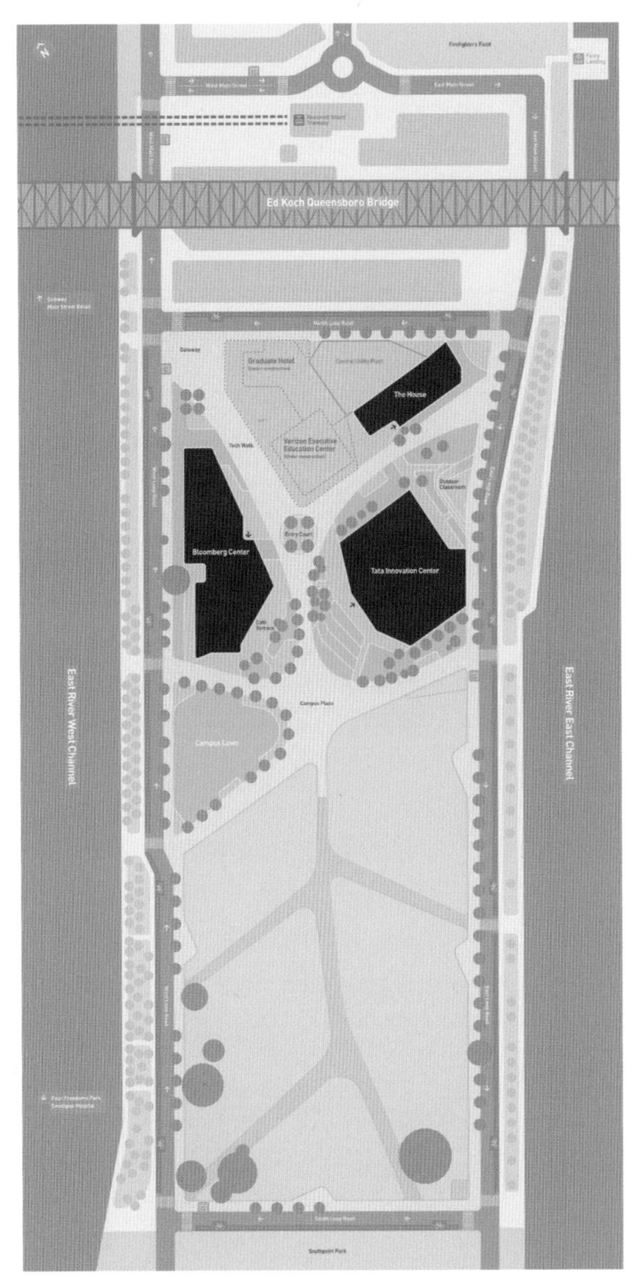

• 코넬 테크 전체 지도

출처: 코넬 테크 공식 홈페이지

7. 브루클린 네이비 야드

폐쇄된 조선소의 신산업 복합 공간 재생

1. 프로젝트 개요

▣ Brooklyn Navy Yard. 뉴욕 맨해튼과 브루클린을 잇는 윌리엄스버그 브리지(Williamsburg Bridge)와 브루클린 브리지(Brooklyn Bridge) 두 다리 중간에 위치하고 미국 역사와 흥망성쇠의 대표적 사례로 1966년 폐쇄된 브루클린 네이비 야드(조선소)를 일자리 창출형 현대적 기술 융합적 제조업 공간으로 재생시킨 대표적 모범 복합 공간 재생 사례

▣ '예전에는 배를 론칭했고 이제는 비즈니스를 론칭한다(We used to launch Ships Now We Launch Businesses)'라는 모토를 사용

▣ 주요 특징

구분	내용
위치	미국 뉴욕주 브루클린 네이비 야드 BLDG 128
면적	약 300ac(36만 7,200평, 네이비 야드 전체), 7,800m²(뉴랩)
건조 시설	3개의 Dry Docks
사업 기간	2011~2016년(뉴랩)
사업 예산	5,600만 달러(뉴랩)
사업 주체	뉴욕시(네이비 야드 소유주), 브루클린 네이비 야드 개발공사(BNYDC, 네이비 야드 관리 운영), 뉴랩팀(뉴랩 관리 운영), 마크로 씨(Macro Sea) & 마블 아키텍츠(Marvel Architects)(뉴랩 설계)

▣ 브루클린 네이비 야드는 친환경 제조업 지원과 주변 커뮤니티와 상생, 산업과 예술, 기술과 환경의 융합과 집약을 통해 330개 사업장이 입주한 산업단지로 변모

▣ 2004년에는 해군과학실험실로 사용되던 곳을 개조해 미국 최대의 엔터테인먼트 공간인 스타이너 스튜디오(Steiner Studio)가 개장했고, 2011년에는 92번 빌딩을 개조해 네이비야드 노동자들과 방문자들을 위한 복합 공간 조성

▣ 현재 300개가 넘는 업체가 입주한 산업 단지로 문화, 예술, 상업이 복합된 새로운 공간으로 바뀌어 이곳의 정식 명칭은 브루클린 네이비 야드 인더스트리얼 파크(Brooklyn Navy Yard Industrial Park)임

▣ 네이비 야드 재생 계획의 핵심은 '일자리 창출'이었으며, 사업을 주도한 뉴욕시는 이곳을 전통적 제조 산업이 아닌 '융합형 신 제조(new manufacturing) 기지'로 조성하겠다는 목표를 내세움

• 1945년 브루클린 네이비 야드*

• 현재의 브루클린 네이비 야드 출처: facebook.com/brooklynnavyyard

• 브루클린 네이비 야드 위치도

2. 개발 경과

- ▣ 1801년 해군 조선소 건립: 미국의 2대 대통령인 존 애덤스(John Adams)는 세계 정세의 유리한 위치를 점하고자 브루클린 해군 조선소 설립
- ▣ 1841~1843년 브루클린 해군병원(Brooklyn Naval Hospital) 건립
- ▣ 1915년 USS 애리조나(Arizona) 항공모함 건조: 1차 세계대전 시 USS 애리조나에서 건조하였으며 1941년 일본 비행기에 의해 폭격 맞음
- ▣ 1939~1945년 세계 최대 규모의 드라이 도크와 크레인 설치, 7만 명의 종업원 고용
- ▣ 1960년 항공모함 USS 콘스텔레이션(Constellation) 건조 중 품질상 문제가 되어 400여 명의 사상자 발생, 수리 비용 약 800억 원 발생 및 7개월 납기 지연 문제 등 조선소 명성에 큰 손실을 입힘
- ▣ 1966년 조선소 폐업: 베트남 전쟁 중 해상에서 일어난 항공모함 USS 포레스털(Forrestal) 화재사고로 명성이 실추되면서 1966년 폐쇄됨
- ▣ 1969~1987년 산업단지로 재생 시작: 뉴욕시는 꾸준히 이 지역에 대한 재생 프로젝트를 추진해 왔는데 폐쇄 직후 1969년에는 비영리기관인 CLICK(Commerce Labor and Industry the Country of Kings)에 산업단지 관리를 위탁했으나 상황이 호전되지 않아 1981년 '브루클린 네이비 야드 개발공사(Brooklyn Navy Yard Development Corporation, BNYDC)로 관리 주체를 대체함
- ▣ 1998년 성장단계로 BNYDC는 거대 규모의 산업 공간을 분할해 다양성, 에너지, 창의성을 반영, 작은 규모로 임차 베이스를 다양화한 결과 1998년 네이비 야드에는 크고 작은 200개 이상의 산업체가 약 98%의 입주율, 3,000명 일자리 창출함
- ▣ 2001~2011년 밀레니엄 확장 시기로 뉴욕시는 기본 인프라를 지원하며 BNYDC의 확장 개발계획하에 275개 기업 입주, 6,000명 일자리를 창출

- 2004년 스타이너 스튜디오 오픈: 약 2만 8,800m² 면적의 할리우드 외 외부 스튜디오 중 가장 큰 규모의 스타이너 스튜디오 오픈, 해군 과학 실험실로 사용되던 건물을 개조해 영화 및 TV 프로그램을 제작하는 복합 단지로 조성
- 2009년 녹색 산업 사업 추진으로 BNYDC는 산업 단지에 입주 창업 기업인 듀걸 에코 솔루션스트(Duggal Eco-Solutionst)에서 디자인한 풍력과 태양광 활용한 가로등 램프 등 녹색 산업 사업 지원
- 2010~2014년 신설 건물 건축으로 그린 하우스(Green House) 등 12개의 새로운 사업 추진 위한 12개의 건물 건축
- 2011년 BLDG 92 오픈하였으며 해군사령관(Marine Commandant)의 숙소로 사용되던 건물을 네이비 야드에 대한 전시·교육 및 방문객과 노동자들을 위한 서비스 센터로 리모델링함
- 2014년 역사 유적지(National Register of Historic Places)로 지정됨

3. 주요 건물

(1) 브루클린 네이비 야드 센터/BLDG 92

- 해군사령관의 숙소로 사용되던 건물을 네이비 야드에 대한 전시·교육 및 방문객과 노동자들을 위한 서비스 센터로 리모델링한 곳으로 개발과 자산관리를 BNYDC가 운영하며 2011년 완공됨
- 92번 빌딩은 네이비 야드의 박물관으로서, 산업적·관광적·교육적 목적에서 네이비 야드를 소개하는 역할을 담당하며 150여 년의 역사를 지닌 이곳을 기업의 혁신기지로 전환하는데, 단지 산업적 관점에서만 접근하지 않고, 이를 관광상품으로도 만들고, 또한 교육적 목적의 다양한 프로그램을 만들어 본 시설에 대한 소개와 학생들에게 혁신 마인드를 심어 주는 활동을 함

• BLDG 92 내부 교육장 모습

(2) 스타이너 스튜디오

- 해군과학실험실로 사용되던 건물을 개조해 영화및 TV 프로그램을 제작하는 복합 단지로 조성한 곳으로 현재 뉴욕주 방송에 나오는 드라마 대부분이 이곳에서 촬영, 제작됨
- 2004년 11월 개장했으며 총면적 약 5만 4,000m²
- 할리우드 스타일 스튜디오인 이곳에서 〈더 울프 오브 월 스트리트(The Wolf of Wall Street)〉, 〈섹스 앤 더 시티(Sex and the City)〉 등 수많은 영화, TV, 상업 광고가 촬영되었음
- 브루클린 대학과 파트너십을 통해 미국 최초의 대학원 과정인 공립 영화학교(The Barry R. Feirstein Graduate School of Cinema)가 2015년부터 개교했는데, 최고의 시설에서 일반대학 수업료의 50%만 받음

• 스타이너 스튜디오 전경 출처: amapc.com

(3) 그린 제조 센터(Green Manufacturing Center) - 뉴랩/B1_DG 128,123,28

- 선박 제조창으로 사용되던 건물을 리모델링한 것으로, 친환경, 신기술 비즈니스와 관련된 업체들의 공동 작업 공간(Co-workingspace)으로 사용되고 있음
- 뉴랩은 로봇공학, 인공지능, 나노테크, 어반테크 등 다양한 산업과 응용과학 분야 업체들의 공동 작업 공간으로 1960년대까지 선박 제조창으로 사용되던 4층 규모의 건물을 리모델링하여 2016년 6월에 공식 개장
- 50여 개 업체에 350명의 관련 종사자들 공간으로 운영되고 있음
- BNYDC의 의뢰를 받아 부동산 디벨로퍼인 데이비드 벨트(David Belt)와 스콧 코언(Scott Cohen)에 의해 최첨단 제조업(state-of-the-art manufacturing)을 표방하는 공간으로 기획·개발됨
- 데이비드 벨트와 스콧 코언을 비롯한 13명의 직원으로 이루어진 '뉴랩 팀(New Lab Team)'에 의해 운영·관리되고 있음

※ 뉴랩 공간

- 하드웨어 장비를 필요로 하는 산업의 자원을 한 곳으로 모이게 했는데 이러한 배경에는 해군 선박 제조창으로서 네이비 야드가 과거 선박과 관련된 최첨단의 제조 기술과 혁신적 창조를 담당했던 역사적 경험을 되살림

• 뉴랩 내부 출처: downtownbrooklyn.com

• 뉴랩 변천사 출처: New lab: Promoviendo la tecnologia optimista 재인용

- 뉴랩 1층에는 비교적 자유로운 업무 공간과 전통적인 사무 공간이 전면에 배치되었고, 측면으로 대규모 작업실, 제작 스튜디오, 조립 장비실 등이 위치
- 카페, 식당, 회의실 등은 물론 첨단 제조업을 지향하는 곳답게 3D 프린터, CNC 밀링 머신 등의 장비가 마련되어 있어 입주 업체는 자유롭게 이용할 수 있으며 2층에는 수직 수경 재배 시스템을 비롯해 도시농업을 위한 생물 기후 프로토타입, 귀뚜라미 농장 등 입주 업체들의 실험실이 위치

- 뉴랩에 입주하는 업체들은 커뮤니티의 한 부분으로 자리 잡기 위해 최소 1년 이상의 기간 장기 임대하도록 되어 있는데 이는 뉴랩이 여러 분야의 협력을 지원하는 공동체와 플랫폼으로 평가받아 다양한 아이디어의 교류와 증진을 함
- 뉴랩은 산업 분야의 성장을 촉진하기 위한 BNYDC의 기본 목적과 그 궤를 같이하며 특히 현재의 제조업 문제를 해결하기 위하여 필요한 공간과 틀에 대한 공동체적 접근을 제공함으로써, 향후 제조업의 새로운 패러다임을 자극할 수 있는 공간이자 플랫폼으로 신뢰할 수 있는 제조 산업 분야 발전에 기여함

(4) 브루클린 그레인지(Brooklyn Grange), 옥상 정원

- 세계 최대 규모 옥상 농장으로 브루클린 네이비 야드 빌딩 3번 빌딩에 설치
- 약 6,000m^2 규모의 옥상 정원으로 설치

• 브루클린 그레인지 옥상 정원*

- 브루클린 그레인지에서 수확한 농작물은 레스토랑이나 카페와 직거래하거나 공동체지원 농업(CSA 공동체지원농업) 또는 농협 시장을 통해 판매되고 있음
- 옥상 농장은 또 양계장과 양봉장까지 갖추고 있어 다양한 농업 활동 경험도 가능하며 산업공학을 전공한 플래너 씨 등의 취지에 공감한 BNYD가 건물을 10년 동안 무상으로 빌려주기로 하면서 가능해졌음
- 옥상 농장이 가능한 것은 식물의 뿌리로 인해 지붕 표면이 손상되지 않도록 하는 뿌리 장벽과 배수 시스템을 갖추고 특별히 개발된 유기화합물 루프라이트(Rooflite)등 녹색 지붕 시스템(green-roof system)의 설치로 가능함
- 100% 유기농 농업으로 연간 3t에 육박하는 작물을 수확하고 친환경 퇴비용법 등 신선하고 안전한 로컬 푸드에 관심이 많은 수요자들에게 인기가 높음

4. 시사점 및 운영 특징

▣ 브루클린 네이비 야드 공원은 산업과 예술, 테크놀로지와 환경, 그리고 과거와 현재에 이르기까지 상호 다른 산업과 문화를 융합과 통합을 하여 최대의 창의적인 시너지를 발생시켜 상품 가치를 창출함

▣ 스타트업부터 스케일업까지가 한 컴플렉스에서 모두 종료됨

▣ IT 분야, 패션, 미디어, 그리고 제조 관련 사업까지가 한 콤플렉스에서 이루어짐

▣ 스타트업 기업들은 '구매 조건부 스타트업이 가능하며 이곳에서 스타트업을 하면 법인세도 10년간 면세이며 전기요금 및 가스요금도 35~45%까지 저렴

▣ 약 330여 개의 혁신 기술 기반의 스타트업과 벤처기업들이 약 7,000개 정도의 '정규직' 일자리를 만들었고, 연간 약 2조 4,000억 원 정도의 경제적 부가가치를 창출하고 있음

▣ 뉴욕시는 전통적인 제조와 달리 '융합형 신제조 혁신기지'로 계속 지원 예정

▣ 네이비 야드의 핵심 과제는 일자리 창출에 있으며 박물관 3층에는 고용 센터가 있어 양질의 많은 일자리가 만들어질 수 있도록 지원하고 있음. 이는 브루클린 네이비 야드 개발공사(민간)에 의해 운영되는데 고용이 성사되면 채용한 기업은 해당 정보를 뉴욕시로 넘겨 주게 되고 뉴욕시는 이에 대해 성과 인센티브를 네이비 야드 개발 공사에 지급하는 방식임. 따라서 고용 지원 활동을 적극적으로 전개하지 않을 경우, 이 고용센터의 직원들은 보상을 제대로 받을 수 없기에 서비스 마인드가 철저할 수밖에 없음

5. 향후 개발 계획

(1) 빌딩(Building) 77 건설

- 약 9만 3,000m^2 규모의 빌딩 77은 2018년 완공되어 조선소와 일반 민간 공간의 게이트 역할을 담당하는데, 1층 약 5,600m^2 규모의 푸드 제조 허브 시설을 만들어 3,000명의 일자리를 창출했음

• 빌딩 77 외관 출처: 플리커 – Ryna Ng

(2) 독 72(Dock 72)

- 보스턴 프로퍼티(Boston Properties)사와 루딘 매니지먼트(Rudin Management)사가 2016년 5월 기공식을 하여 2016년 완공되었으며 약 6만 3,000m^2 규모로 건설하여 창업과 연구 관련 약 4,000명의 일자리를 창출하면서 지역 경제 활성화에 중요한 역할을 하고 있음

• 브루클린 네이비 야드 독 72 외관*

(3) 그린 매뉴팩처링 센터

- 환경 친화적인 제조 기술과 작업 공간을 지원하며 제조 및 생산, 연구 및 개발, 관리, 운영 등 다양한 분야의 직군에서 일자리를 제공하는 산업 제조 시설

• 그린 제조 센터 출처: untappedcities.com

(4) 애드미럴스 로(Admirals Row) 슈퍼마켓

- 스타이너(Steiner) NYC 개발사가 웨그먼스 슈퍼마켓(Wegmans supermarket) 및 유통 상가를 2만 1,400m² 규모로 건설하여 약 1,200명의 일자리를 창출했음

• 애드미럴스 로 슈퍼마켓 예상도 출처: s9architecture.com

8. 브루클린 덤보

쇠퇴 창고 지역의 문화예술산업 클러스트

1. 프로젝트 개요

▣ Brooklyn Dumbo. 20세기 초반까지 제조업의 활황으로 공장과 창고 지역으로 경제 산업 기반 단지였으나 제조업 쇠퇴 이후 슬럼화가 된 지역을 민간이 중심이 되고 뉴욕시가 지원하여 문화산업 예술단지 클러스트로 재생시켜 지역경제를 활성화한 대표적 문화산업형 재생 개발 사례

※ 덤보는 브루클린의 한 지구로 맨해튼과 강을 건너는 브루클린 브리지와 맨해튼 브리지 사이에 위치한 곳으로 다운 언더 더 맨해튼 브리지 오버패스(Down Under the Manhattan Bridge Overpass)의 준말 (총 13ac, 1만 5,900평)

▣ 브루클린은 최초의 정착민 네덜란드 사람들과 그 후 유럽과 남미에서 이주한 여러 민족들이 혼재된 근린 지구로 구성되어 있는데, 맨해튼의 공업화가 파급되어 거대한 공장들을 많이 받아들이면서 공업화가 촉진

▣ 공업화는 20세기 중반에 가장 고도화되었지만 그 후 미국의 제조업 경쟁력이 상실되면서, 1980년대부터는 브루클린의 공업지역에서 공동화 현상이 시작되자 가구와 액세서리, 조명을 만드는 공방 공간 등 문화예술단지로 탈바꿈

▣ 덤보는 매년 예술축제(Arts Festrival)를 개최하여 3일 동안 여는데 세계 각지로 부터 약 25만 명의 예술인 및 관광객들을 유치하고 있으며 500명의 예술인, 100개의 스튜디오, 50개의 갤러리와 무대, 100개의 프로그램이 참여함

▣ 뉴욕의 유명 유태인 부동산회사인 투 스리 프로퍼티(Two-Tree Property)는 1980년대 덤보 지구의 방치되어 있는 14개 공장건물들을 헐값에 구입하여 저렴한 예술공간을 조성하고 맨해튼에 있는 많은 예술가들을 덤보로 유치하는 데 크게 공헌하였으며 개발하였고 초창기에 저렴하게 사들인 부지에 콘도미니엄으로 재개발하여 큰 사업 수익을 냄

▣ 덤보는 이제 예술가만이 아니라 일반 시민과 전문직업가들이 함께 어울리고 활발한 상가 및 업무지구, 식당, 갤러리 등과 함께 방치된 건물을 개조하고 공공 오픈 스페이스에 공원을 새로이 조성하는 등 경제 발전과 지역 삶의 질 제고 발전에 지속적 노력을 전개하고 있으며 약 78개 미술품 전시장과 약 700개의 식당이 있음

▣ 뉴 피플(New People), 뉴 머니(New Money), 뉴 컬처(New Culture); 역사적 가치가 있는 자산들을 보전, 개조하고 공업지역을 재개발하여 박물관, 미술관, 전시장 등으로 활용하는 등 음악가, 미술가, 디자이너 등과 같은 예술가들을 유치하여 도심을 활성화한 대표적 재생 사례

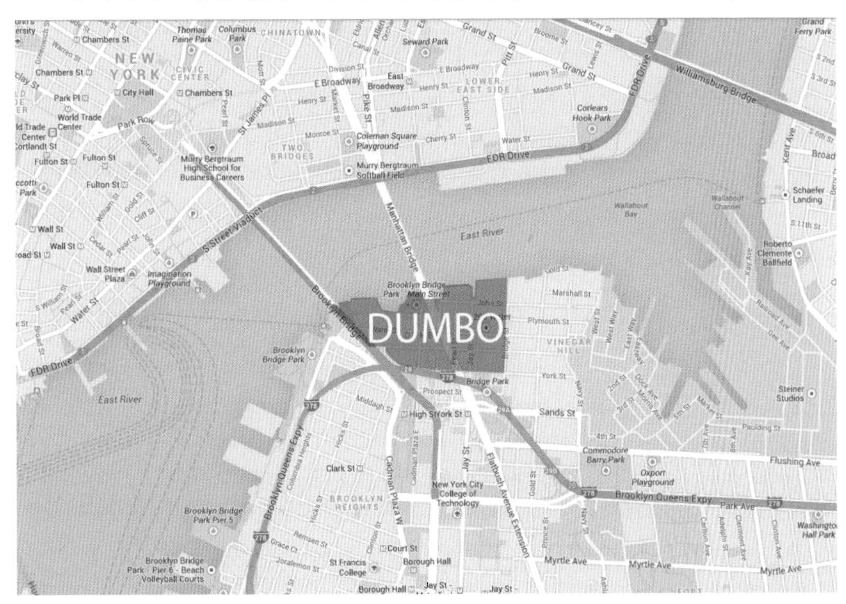

• 브루클린 덤보 지도　　　출처: maps-brooklyn.com

• 브루클린 덤보에서 보이는 맨해튼 다리

• 브루클린 덤보 거리 풍경

• 브루클린 덤보 신규 콘도 단지

• 브루클린 덤보 맵

출처: dumboheights.com

2. 개발 경과

▣ 브루클린은 세계적인 화학약품 회사인 화이자 제약의 본고장이기도 하지만 이스트 강변에는 조선공업이 발전하여 미국 남북전쟁과 제2차 세계대전 당시에 투입되었던 거대한 군함을 제조한 곳

▣ 1776년 미국 독립전쟁 당시 영국군과 피나는 전투가 벌어졌던 곳으로 초대 대통령 조지 워싱턴(George Washington) 장군이 3일간 전투 끝에 기선을 제압한 역사적인 곳

▣ 1883년 브루클린교 브리지가 건설되기 전 덤보는 1878년까지 풀턴 랜딩(Fulton Landing)이라는 맨해튼과 수상교통으로 연결하던 배의 선착장이었으며 교량이 건설되어 맨해튼과의 교통이 원활하게 된 이후에 이곳은 창고와 기계 공장, 종이 공장, 비누 공장 등이 주류를 이루고 있었음

▣ 1909년 맨해튼교 완공

▣ 1970년대의 탈산업화 이후에는 맨해튼의 시내 지가가 상승하고 주택 및 사무실 임대료가 상승하자 젊은 예술가들이 싸고 넓은 주거 및 업무 공간을 확보하고자 덤보를 찾게 되면서 인구가 증가하고 점차 문화예술인들의 주거 및 예술 활동의 본거지가 되었음

▣ 덤보 지역은 공장이 많고 지상 30m 정도 위로 거대한 교량이 있고 그 위로 많은 차량이 통행하기 때문에 음침하고 소음이 심해 일반인들이 접근을 회피하던 곳으로서 "Down Under the Manhattan Bridge"란 별명이 붙여졌고, 그 명칭은 어둡고 시끄러우며 불량하다는 이미지를 갖고 있음

▣ 1990년대 이후 브루클린은 맨해튼으로부터 파급되는 문화예술 활동을 받아들여 미국 문화예술 활동의 신조류를 형성

- 1990년대 초반, 덤보에 온 가난한 예술가 중에 캐나다 출신의 조이 글리든(Joy Glidden)이 예술가 동네에 문화공간이 필요성으로 건물주를 만나 전시공간을 섭외했고 이미 1970년대 이후 맨해튼 소호(Soho)가 예술가 덕택에 예술지구로 성공한 사례를 지켜본 바 있는 부동산 소유주는 흔쾌히 건물

1층을 무료로 내주기도 함

■ 1990년대 말 뉴욕의 지가가 급속히 상승, 고정된 수입이 없는 예술가들이 덤보지역의 방치된 공장건물에 입주하여 작품 전시장, 공연장, 연습실 등을 만들었고, 일부 예술가들은 연습실을 주거공간으로 이용하기 시작함

■ 뉴욕의 유명 유태인 부동산회사인 투 스리 프로퍼티는 1980년대 덤보 지구의 방치되어있는 14개 공장 건물들을 헐값에 구입하여 저렴한 예술공간을 조성하고 맨해튼에서 많은 예술가들이 덤보로 이전하도록 유도함

■ 덤보지구에 보다 많은 인구가 유입하게 되고 예술 활동이 활발해지자 레스토랑, 호프집, 서점, 식료품 가게, 잡화점 등의 부대시설도 증가하였고 변호사, 회계사등과 같은 고급 전문직업인들도 유입하기 시작함

■ 2007년 12월에 뉴욕시는 덤보를 90번째 역사 지구로 지정하였음

■ 뉴욕시는 지속적 문화예술 등의 창의력 있는 일자리가 증가 추세로 브루클린의 경우 창의적인 일자리가 2003년 대비 60% 증가함

■ 뉴욕 전체 창의적 일자리 증가 추이 비교(2003~2013년)

2003~2013년 뉴욕시 구역별 일자리			
	2003	2013	증감률
브롱스	3,598	3,691	3%
브루클린	18,851	30,140	60%
맨해튼	220,185	242,496	10%
퀸즈	15,282	16,735	10%
스태튼 아일랜드	2,853	2,694	-6%
전체	260,770	295,755	13%

3. 덤보 클러스트 조성 거버넌스

(1) 정부 부문

▣ 뉴욕시의 문화산업 관련 도시계획, 토지의 용도 변경, 도시 기반 시설 개선, 도로 정비 등으로 지역 내 각종 문화 활동에 직·간접적으로 지원하여 브루클린 브리지, 맨해튼 브리지의 건설이 덤보 지역의 형성에 결정적인 영향을 미쳤음

▣ 1970년대에 뉴욕시는 '로프트 로(Loft Law, 상업지역건물 거주 임차인 보호법)'를 도입하여 덤보 지역의 불법 주거 활동을 합법화시켰고, 그 후에는 토지 이용 변경으로 덤보 지역의 주거 여건을 개선하는 데 기여함

▣ 브루클린 버러 정부는 최근 마이클 포터 교수의 컨설팅 결과에 근거하여 관광산업을 4대 전략 산업 중 하나로 선정하고 문화예술 산업을 육성하고 있음

▣ 덤보의 지역 주민과 예술인들의 대변자인 DID(Dumbo Improvement District)는 뉴욕시의 56개 비즈니스 임프루브먼트 디스트릭트(Business Improvement Districts, BID) 중 하나

- 뉴욕시의 중소 기업 서비스과로부터 정책적, 재정적 지원을 받는 DID는 지역 내 사업자들이 회원으로 가입하고 있고, 17명의 이사로 운영되며 DID는 뉴욕시의 녹지과, 교통과, 청소환경과 등과 협력하여 덤보 지역의 거리 청소 등 환경 정화, 도로와 공원, 상하수도 등과 같은 도시 기반 시설 정비 등과 같은 일을 담당. DID는 지역 주민과 예술인들을 대변하여 뉴욕 시정에 참여하고 정치인들을 로비하여 각종 사업을 따서 그 지역이 세계적인 명소가 될 수 있도록 지원함

• 브루클린 덤보 존 스트리트 공원(John Street Park)

(2) 전문가 단체 부문

▣ 브루클린의 문화예술 산업 클러스터를 이끌어 가는 전문가 단체는 덤보 아츠 센터(Dumbo Arts Center, DAC)

- DAC는 덤보 지역에서 공장 건물로 쓰던 건물을 개조하여 전시 공간을 마련하고 연중 갤러리를 운영. 자체적으로 전시 공간을 갖고서 혁신적이고 실험적인 예술 활동을 추구하는 DAC는 1997년부터 덤보 아트 페스티벌(DUMBO Art Festival)을 개최하고 있음
- DAC는 2005년부터 예술가로 성장하고자 하는 초보자, 혹은 청년 작가들을 지원하는 네트워킹, 필요 자원 동원, 동료 간의 대화의 장 조성 사업 등을 추진하고 있으며 하이스쿨 인텐시브 프로그램(High School Intensive Program)을 통해 지역 내 고등학생들을 대상으로 예술 작품 제작, 예술 관련 이벤트 기획 등을 소개하고 있음

▣ 스맥 멜론(Smack Mellon) 단체는 부동산업체 투 스리 프로퍼티가 무상으로 제공한 건물을 이용하여 전시 공간과 스튜디오를 운영하면서 각종 교육 사업을 추진

• 브루클린 덤보 내 창고 재생

• 음식점으로 바뀐 창고

(3) 기업 부문

▣ 문화산업 클러스터 관련 기업은 주로 문화 활동에 필요한 재원을 제공하고 문화 활동의 결과에 기초해서 제품, 문화상품을 생산하는 기능을 수행함

▣ 부동산 개발, 건설 회사 등은 도시 환경 정비 사업, 도시 재개발 사업에 참여하여 문화예술산업 클러스터의 형성과 발전에 기여함

▣ 문화예술산업 클러스터에 관여하는 기업은 주로 부동산 개발, 건설 회사로 특히 유태인 부동산개발사인 투 스리 프로퍼티는 1980년대 초부터 덤보 지역의 건물을 매입하고 예술공간을 조성하여 맨해튼으로부터 예술인을 유인함으로써 덤보의 형성에 결정적인 역할을 하였으며 사업적으로도 초창기에 사들인 건물들을 콘도미니엄으로 재개발하여 4개 건물은 임대사업을 하고 있음

- 투 스리 프로퍼티가 개조한 건물에는 약 1,500~1,700세대에 3만 5,000명이 거주하며 직접 조성된 브루클린의 문화예술산업 클러스터는 현재 약 10개의 예술인 단체가 활동 중이며 100개 정도의 사업체가 영업 중

(4) 덤보의 주요 고급 콘도

• 51 Jay Street

구분	내용
면적	11,270m²
주택 수	74개
평균 주택 가격	27억 원
기타	175 Water Street, 178 Water Street 고급 콘도가 신축

4. 시사점

▣ 브루클린의 문화예술 산업 클러스터의 성공적인 변화와 발전의 핵심은 문화예술인이고 스토리이며 그들의 활발한 문화예술 활동의 결과로 산업 클러스터가 형성됨

▣ 성공적인 도시 공간의 성격의 변화에 영향을 미치는 주체는 뉴욕시, 민간단체, 부동산 개발 및 건설 회사들의 협력적 거버넌스 역할이 성공적인 재생

- 뉴욕시와 브루클린 바로우는 EDC, DID, DBP 등과 같은 준정부 기관을 설립하여 기획 기능을 과감하게 이전하고 또 이들이 기획한 사업을 직접 추진하게 함으로써 기관의 책임성과 실행력을 높임
- 정부 부문과 더불어 부동산업 개발업체, 건설업체, 민간 예술 전문 운영 단체가 협력하여 전체 지역경제 활성화를 위한 마스터 플랜을 계획하는 것이 중요

9. 첼시 마켓

폐쇄된 과사 공장을 식당·오피스 복합 공간으로 재생

1. 프로젝트 개요

- ▣ Chelsea Market. 과거 1898년 설립된 오레오로 유명한 쿠키를 생산했던 나비스코(Nabisco) 회사 공장으로 1958년 공장 이전으로 폐쇄된 공장 부지를 재생하여 뉴욕의 미식가들을 사로잡는 식자재 도·소매점, 레스토랑이 몰려 있는 공간으로 재생하여 명소화한 지역
- ▣ 첼시 마켓은 28개의 공장을 터서 하나의 공간으로 재창조한 공간으로 마켓 안에는 최상의 품질의 식당과 식료품 가게 및 제과점 에이미 브레드(Amy's Bread) 등이 입점해 있으며, 위층 사무 빌딩에는 방송사 푸드원 네트워크, 메이저리그 본사, 마이클 잭슨이 전용으로 사용했던 녹음 스튜디오 등이 있음
- ▣ 1958년 공장이 이전한 이후 거의 40년 동안을 폐허로 방치되어 있다가 1990년대 초반 어윈 코언(Irwin B. Cohen)이라는 개발업자가 폐공장을 매입하여 1996년 건물 외관은 그대로 둔 채 28개의 공장 벽을 허물어 식품업체가 많이 있는 지역적 특성을 살린 대형 식품 마켓을 오픈함
- ▣ 천장에는 수십년 된 낡은 선풍기가 걸려 있고, 중앙홀에는 배수관으로 만든 폭포에서 물이 쏟아지고 군데군데 벽이 뚫린 흔적 그대로 과거 역사를 보존한 채로 재생시킨 것으로 오래된 건물을 되살린 것이 명소화된 이유는 건물이 도시의 역사이자 스토리 텔링을 갖고 있기 때문
- ▣ 1997년 이후 부동산개발사 제임스타운 프로퍼티스(Jamestown Properties)사

가 7억 9,500만 달러(8,000억 원)에 총 11만 2,200m²를 구입했으며 이 중 4만 6,860m²를 식품과 관련된 공간으로 활용하여 연간 600만 명이 방문함

▣ 2018년 구글이 약 2조 6,000억 원을 주고 첼시 마켓 건물을 인수하였으며 현재 첼시 마켓 앞에 구글 건물이 위치해 있음

• 첼시 마켓 전경

2. 마켓 특징

▣ 첼시 마켓은 요리 분야 직업과 깊이 관련되어 있으며, 3,500명 이상이 근무하는 빌딩으로 세계 유수의 미디어 기술 분야 등의 회사들이 있음

▣ 24시간 운영되는 프렌치-아메리칸 스타일의 저녁 코스 요리 식당과 새벽 3시 육가공 업체가 공간을 이용하고 아침 시간은 편집매장 및 명품 업체가 이용하고 오후에는 고급레스토랑이 이웃하여 3교대 공간을 효율적으로 활용

▣ 요리 및 음식 관련 창업자들을 위한 푸드산업 교육 훈련 프로그램이 운영되고 있으며 취약 계층을 위해 연간 1억 원 상당의 펀드를 조성 및 지원해 주는 사회 공헌 사업도 실시함

• 첼시 마켓 외부

• 첼시 마켓 내부

• 첼시 마켓 입주사

• 첼시 마켓 구글 뉴욕 외관

10. 엠파이어 스테이트 빌딩

뉴욕의 상징, 마천루의 대명사

1. 프로젝트 개요

- ▣ Empire State Building. 1931년에 지어진 아르 데코(Art Deco)풍 건물로 뉴욕의 비즈니스 기능의 집중을 단적으로 대변해 주는 상징 및 뉴욕의 상징물로 영원한 대명사로 20세기 초 번영과 도약을 상징적으로 나타내는 건물
- ▣ 1931년부터 1970년까지 세계 최고층이었던 건물로 443m, 102층 규모로 엠파이어 스테이트 리얼티 트러스트(Empire State Realty Trust) 소유로 앨프레드 E. 스미트(Alfred E. Smit), 엠파이어 스테이트 리얼티 트러스트, 존 J. 라스코브(John J. Raskob) 사가 개발함
- ▣ 73개의 엘리베이터가 있으며 102층의 고층 건물로 건물에는 약 940개의 회사와 약 2만 명의 사람들이 일하고 있음
- ▣ 〈러브 어페어〉, 〈시애틀의 잠 못 이루는 밤〉, 〈킹콩〉 같은 영화에 배경으로 등장하기도 하여 많은 사람들의 사랑을 받고 있으며 86층, 102층 두 곳의 전망대에서 바라보는 맨해튼 시내가 유명, 연간 400만 명 방문

2. 개발 개요

구분	내용
규모	1931년에 102층, 381m(1,250ft) 최초 건축
건물 준공	1930년 공사 시작하여 1931년 초고속 완공
건물 높이	지붕 381m(1,250ft)/안테나 탑 포함 443m(1,454ft)
건물 면적	2,248,355ft^2(6만 4,238평), 102층
소유주	Empire State Realty Trust
시행사	Alfred E. Smith, Empire State Realty Trust, John J. Raskob
설계	Shreve, Lamb & Harmon Associates
용도	사무소, 상업, 통신, 소매 및 전망대

• 엠파이어 스테이트 빌딩 외관

3. 개발 역사

▣ 1931년 엠파이어 스테이트 빌딩은 뉴욕시 맨해튼 동부 42번 스트리트와 렉싱턴 애비뉴의 교차점에 1930년 3월 17일 공사를 시작하였으며 불과 1년 후인 1931년 4월 30일 완공

※ 유명한 왈도프 아스토리아 호텔이 있던 자리에서 시작된 이 건설 작업은 700만 명의 노동력을 필요로 했고, 주당 41/2층이라는 놀라운 속도로 공사 추진

▣ 1929년 월 스트리트에서 시작된 경제 대공황으로 시름에 잠겼던 미국의 힘을 만천하에 보여 주기 위한 상징적 건물로 건설

▣ 1945년 2차대전 말기에 비행기가 운행 중 짙은 안개 때문에 79층에 부딪친 적이 있었지만 단지 2개층만 심각한 손상을 입는 데 그쳐서 건물의 튼튼함을 과시

▣ 1953년 빌딩 최상층부에 안테나 탑 설치, 총 높이 443.2m로 1972년 맨해튼 남쪽에 세계무역센터(WTC) 쌍둥이 빌딩이 들어서기 전까지 41년간 세계 최고층 건물로 군림

▣ 완공 당시 골조에 소요된 강재만 해도 5만 7,000톤에 이르렀으며 82km 길이의 파이프와 5,100km 길이의 전화 케이블이 소요되었고 엘리베이터 통로만 110km에 이르는 실로 거대한 건축물

▣ 구조적인 특성으로 건물 외곽 부에 기둥을 촘촘히 배치하고 건물 내부 중앙부는코어(Core)를 두는 튜브(Tube) 구조 형식으로 결국 외벽에 박힌 철골 기둥과 내부의 코어인 수직 구조물이 건물을 지탱

▣ 코어는 엘리베이터 샤프트와 계단실, 통로, 설비 시설 등으로 구성된 평면이며 상부층에는 각 층마다 3,700m²의 사무 공간이 갖추어져 있으며 각 층의 구조는 조립식 트러스 강철로 되어 있으며, 깊이 8.5m에 지나지 않지만 18.3m 전부에 걸치며 바람으로 인한 압력으로 인한 측면을 뒤틀리게 하는 힘에 대해 외벽을 경화시키는 다이어그램 역할을 함

• 엠파이어 스테이트 빌딩 건설 당시

• 엠파이어 스테이트 빌딩 로비*

11. 56 레오나드

하인스 개발 최고급 주상복합 단지

1. 프로젝트 개요

▣ 56 Leonard. 세계적인 레스토랑, 최고의 상점, 명성 높은 학교가 밀집돼 있는 트라이베카 지역에 위치한 주상복합 콘도. 트라이베카 지역에서는 가장 높은 건물로 도시를 한눈에 바라볼 수 있으며, 대서양까지 시야를 확보할 수 있는 창의적인 유리로 건축된 건물

▣ 하인스 사가 주도적으로 개발하였으며 터키계 부동산 디벨로퍼 회사인 알렉시코 그룹(Alexico Group)과 공동개발하여 2016년에 완공함

▣ 스위스 건축설계회사인 헤르조크 앤드 드 뫼롱(Herzog & de Meuron)사의 아니시 카푸르(Anish Kapoor)가 '하우시스 스택트 인 더 스카이(Houses stacked in the sky)' 개념으로 설계하였으며 높이 250m, 총 층수 57층, 146세대의 주상복합 건물

▣ 보드게임 중 나무 블럭들 사이에서 하나씩 뽑아 쌓으면서 전체 블럭이 무너지지 않도록 하는 놀이인 젠가(Jenga) 블록형 건물과 유사

▣ 주거 면적은 131m^2(40평)부터 595m^3(182평)까지 다양하며 전망과 향에 따라 가격 차이가 크며 현재 40~600억 원, 평당 가격이 1억 원에서 최고 3억 원에 달함

▣ 최상층 4개는 483m^2(148평)~595m^2(182평)으로 한 층 전체를 1가구가 사용하며 복층 구조로 천장 높이가 4.3~5.8m로 높으며 모든 세대의 야외 전망 발

코니와 통유리 구조는 도시, 강, 다리 등의 외부 전망감을 높임

▣ 명품 주상복합 거주자에게는 수영장, 도서관, 실내외 극장, 헬스, 요가, 회의실 등 다양한 부대시설과 최고급 서비스를 누릴 수 있음

• 56 레오나드 빌딩 외관

2. 건축 개요

구분	내용
위치	56 Leonard, New York, NY
건물 준공	2008년 착공/2016년 완공
건물 높이	250.2m(821ft), 57층
면적	45,400m²(1만 4,285평)
가구수	146세대
개발자	Hines, Alexico Group
설계	Herzog & Meuron 설계회사, Arish Kapoor
인테리어 디자인	Costas Kondylis Design

3. 기타 시설

(1) 실내 구조

• 56 레오나드 실내 구조

(2) 실내외 극장(25석)

출처: 56leonardtribeca.com

(3) 9층 레크리에이션 센터

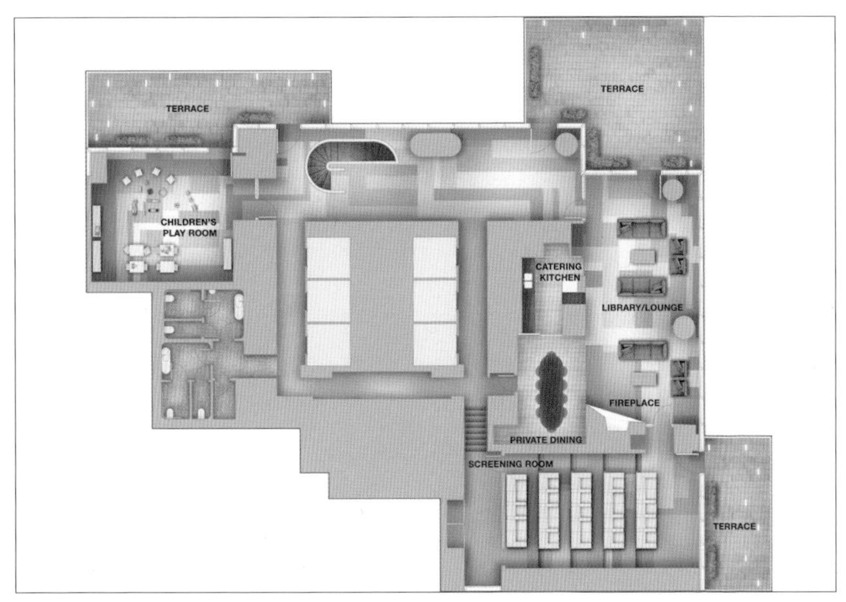

출처: 56leonardtribeca.com

12. 53w53

세계 최고 MoMa 미술관과 결합한 최고급 주상복합 건물

1. 프로젝트 개요

- 타워 베레(Tower Verre)로 알려진 53w53은 이름 그대로 뉴욕 53번과 54번 스트리트에 위치하고 MoMA(뉴욕 현대 미술관) 바로 옆자리에 건설되고 있으며 센트럴 파크를 조망할 수 있는 고급 초고층 주상복합 콘도
- 하인스 사가 주도적으로 개발하였으며 금융회사 골드만 삭스(Goldman Sachs)와 싱가포르계 부동산회사인 폰티악 랜드 그룹 오브 싱가로프(Pontiac Land Group of Singapore)와 공동 개발하여 2019년 완공
- 세계적 건축가인 장 누벨(Jean Nouvel)이 설계하였으며 높이 320m, 지상 층수 77층, 총 139세대로 이루어진 주상복합 건물이며 아래 3개층은 MoMA 현대 미술관 공간으로 사용
- 초기 계획에는 엠파이어 스테이트 빌딩과 같은 높이인 381m, 82층 규모로 추진되었으나 뉴욕 도시계획과에서 이를 제한하여, 61m를 낮추어 지금의 높이
- 주거 면적은 1,485ft²(42평, 1Bed room)부터 6,448ft²(180평, 4Bed room)까지 다양하며 전망과 향에 따라 가격 차이가 크며 현재 1,485ft²(42평, 1Bed room)은 34억 원, 6,448ft²(180평, 4Bed room)은 450억 원으로 평당 가격이 8,000만 원에서 최고 3억 원에 이름
- 53W53 명품 주상복합 거주자에게는 MoMA 미술관 무료 이용, 수영장, 고

급식당, 도서관, 센트럴 파크뷰를 보는 와인 바 등을 이용할 수 있는 혜택이 있으며 호텔에서 누릴 수 있는 하우스키핑(Housekeeping), 메이드 서비스(maid service)와 세탁 서비스 등 최고급 서비스를 누릴 수 있음

▣ MoMA에 증축 기부를 하였으며 공중 이양권을 통해 고층 용적률을 획득하였음

• 53w53 출처: 53w53.com

2. 건축 개요

구분	내용
위치	53 West 53rd Street, New York, NY
건물 준공	2015년 준공/2019년 완공
건물 높이	320m(1,050ft), 지상층 77층
가구수	139세대
건물 면적	69,700m^2(2만 1,400평)
개발자	Hines, Goldman Sachs, Pontiac Land Group of Singapore
설계	장 누벨(Jean Nouvel)
인테리어 디자인	Thierry Despont

• 53w53 외관*

3. 기타

(1) 건축 특징

- 크리스탈을 형상화한 외관과 건물 외부로 드러난 비대칭적인 철근 골조가 건축적 특징. 사선 형태의 비대칭적인 골조가 외부로 노출되어 기둥과 외곽 보 및 대각선 교차가 구성되며 모든 구조체가 일체로 거동하는 외부 튜브 구조의 골조라는 점에서 시카고의 존 핸콕(John Hancock)과 비슷한 모습
- 내부 인테리어는 사선 형태의 골조를 활용한 모습이 보이고 이러한 골조의 위치를 잘 조절하여 전망에 장애가 되는 층과 그 면적을 최소화로 설계해 건물 외벽 유리 패널은 약 1m 크기 유리 패널이 총 5,747개로 구성되었음(독일에서 제조, 텍사스에서 조립)

(2) 조망

• 53w53에서 바라본 센트럴파크 출처: 53w53.com

(3) 주요 내부 시설

① 펜트하우스(Penthouse) 81

출처: 53w53.com

② 레지던스(Residence) 56층

출처: 53w53.com

③ 수영장

출처: 53w53.com

④ 190m²(59평형) 도면 - 65억, 평당 1억 원

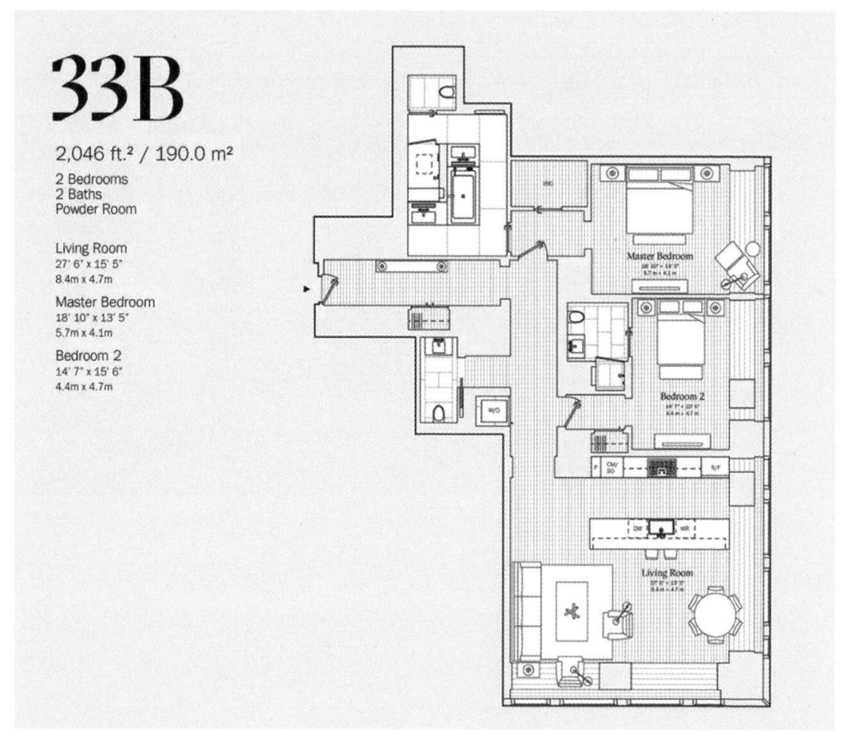

• 53w53 평면도

출처: 53w53.com

13. 록펠러 센터

도시 속의 도시, 문화 복합 공간

1. 프로젝트 개요

- Rockefeller Center. 1939년에 지어진 세계에서 가장 훌륭한 도심의 아르데코풍 건축이자 미국에서 가장 사랑받는 건축 중의 하나. '도시 속의 도시'로 문화 복합 공간을 목적으로 200여 개의 상점과 6,000석이 넘는 라디오 시티홀, 7개가 넘는 NBC 방송 스튜디오, 채널 가든, 로어 플라자 등 다채로운 문화 공간을 구성한 복합 건물
- 억만장자 존 데이비슨 록펠러(John Davison Rockefelle)가 1939년 완공한 복합 건물로 맨해튼의 중심인 48번 스트리트와 51번 스트리트의 22ac(2만 6,928평) 땅에 19개의 상업용 건물들이 사방에 세워져 각 건물의 저층은 하나의 건물로 연결되어 있으며 1987년 미국 역사기념물(National Historic Landmark)로 지정됨
- 256m, 70층 규모로 현재 NBC유니버설(Universal), 티시먼 스페이어(Tishman Speyer)사가 소유, 개발은 록펠러 패밀리(Rockefeller Family)가 했었음
- 록펠러 센터의 중심인 30 록펠러 플라자(Rockefeller Plaza, GE 빌딩)에는 뉴욕 최고의 전망대로 꼽히는 탑 오브 더 록(Top of the Rock)과 NBC 스튜디오가 위치
- 30 록펠러 플라자 맞은편에 위치한 로어 플라자(Lower Plaza)에는 뉴욕에서 가장 유명한 황금색의 천사 조각상 프로메테우스가 서 있고, 여름에는 야외

카페가 열리고 겨울에는 아이스 링크로 사용됨. 특히 매년 12월이 되면 대형 크리스마스 트리가 장식되는 것으로 유명

▣ 영화와 쇼로 세계 최대의 극장인 라디오시티 뮤직홀(Radio City Music Hall), 미국의 3대 방송사 중의 하나인 NBC 스튜디오 투어(Studio Tour) 프로그램도 유명

▣ 주요 입주사는 미국을 대표하는 대기업이자 방송사인 NBC 등 언론, 엔터테인먼트 계열 기업들로 구성됨

2. 개발 개요

구분	내용
복합 시설 준공	1930년에 최초 건설 1930년 공사 시작하여 1939년 모든 건축물 완공
복합 시설 면적	88,870m^2
건물 높이	256m, 70층
건물 면적	198,000m^2
소유주	NBCUniversal, Tishman Speyer
시행사	Rockefeller Family
설계	Raymond Hood

• 록펠러 센터 외관

3. 개발 역사

▣ 1928년 부지는 당초 컬럼비아 대학 소유로, 록펠러는 메트로폴리탄 오페라 하우스를 건립할 목적으로 대학에 문화 공간 임대를 제안했으나 1929년 대공황으로 인한 미국 주식 폭락 사태로 전 세계 경기가 얼어붙자 이 계획은 무산됨

▣ 컬럼비아 대학에 수정 제안을 제시, 건설 비용은 본인이 투자하는 조건으로 임대기간을 80년으로 하는 복합 단지로 개발함. 록펠러는 건설 비용을 충당하기 위해 본인 소유 석유회사를 팔았으며 그 자금으로 이 개발 사업을 진행하며 당시 건설자금은 2억 5,000만 달러, 지금으로 환산하면 수십 조 원에 해당하는 엄청난 금액임

▣ 1930년에 시작된 공사는 10년 만인 1939년에야 완성되는데 이미 록펠러가 죽은 지 2년이 지난 후로 후손을 위한 장기적인 사업이라고 해석됨

▣ 부친의 자선사업을 이어받아 아들인 록펠러 2세가 결국 1939년 완공

▣ 처음엔 복합 단지에 상업적 입지 때문에 록펠러 가족 명의 사용을 원하지 않았으나 입주자들은 록펠러의 명성과 브랜드 가치를 버리기 아까워했고, 하는 수 없이 가문의 이름을 빌딩에 사용하게 됨

▣ 건물은 순차적으로 완공되고 그중 일반 오피스 건물에 독일계 회사가 입주를 원했지만 세계대전을 일으킨 독일계 회사에 임대를 거부하여 결국 이 건물은 오랫동안 공실로 남아 있기도 하지만 영국계 정보 회사가 입주하고, 2차대전 중에는 연합국가의 정보기관이 입주하며 전쟁 후에는 미국 CIA가 입주해 정보기관의 산실이라는 이미지도 갖게 됨

▣ 1985년 컬럼비아 대학은 록펠러 그룹에 4억 달러에 매각함

▣ 1989년에는 미쓰비시 그룹이 이 복합 센터를 2조 2,000억 원에 매입했으나 1995년 미국의 강한 엔고 압박과 일본 경기 불황으로 미쓰비시 그룹은 이 센터를 매각함

▣ 1996년 골드만삭스가 50% 지분 조건으로 지아니 아그넬리(Gianni Agnelli),

스타브로스 니아르코스(Stavros Niarchos), 데이비드 록펠러(David Rockefeller)와 컨소시엄 형태로 구입

▣ 2000년에 록펠러의 친한 친구인 티시먼 스페이어와 시카고 기업인 레스터 크라운 패밀리(Lester Crown Family)가 록펠러센터 빌딩 중 14개 빌딩과 땅을 18억 5,000만 달러에 매입

4. 록펠러의 생애와 자선

▣ 록펠러의 유언에 따라 록펠러 재단에서 뉴욕 주민들을 대신해 뉴욕시 전체 수도세를 부담하고 있음

▣ 록펠러는 뉴욕주 리치포드(Richford)에서 1839년에 6자녀 중 둘째로 태어나서, 태생이 뉴요커는 아니지만 인생의 대부분을 뉴욕에서 보냈음

▣ 당시 대부분 사람들이 빈곤했으며 14세부터 어려운 일을 가리지 않았으며 조그만 가게 경리 보조원으로 출발한 그는 철저하고 빈틈없는 성격과 절약 정신으로 주변 사람들로부터 신임을 얻음

▣ 20살에 미국 중부 클리블랜드에서 육류와 곡류 창고를 갖춘 소위 유통 회사를 차려 큰 돈을 번 후 친구의 권유로 석유 유통 사업에 뛰어드는데, 이것이 그의 인생 전환점이 됨

▣ 1870~1880년대에 폭발적인 석유 수요로 인해 사업은 어마어마하게 성장, 원유 생산 시설을 갖추는 사업에 관심을 갖고 석유와 관련된 사업을 확장함

▣ 철도 회사의 횡포에 석유 제품의 수급에 영향을 받자 철도 회사까지 인수해 원유 채취, 가공 및 운송 등 일련의 전 과정을 하나로 사업화

▣ 석유에 관한 경쟁사가 전혀 없고 완전 독점 공급과 유통이었으며 미국 산업에 '독점' 또는 '트러스트'라는 말을 처음 만들게 된 배경이 되기도 함

▣ 독점으로 부를 독식하여 정부와 국민의 시선들이 차가워지자 결국 정부가 1911년 그룹 해체를 요구하며 소위 '반트러스트법' 위반이라는 규제안이 국

회를 통과하여 록펠러 그룹은 수십 개의 중소 회사로 전락

- ▣ 록펠러는 59세가 되는 해에 사업을 아들에게 물려주고 나이 60인 1890년, 그동안 번 많은 돈을 어떻게 잘 사용할 것인가에 몰두, 사업에서 손을 떼고 돈을 가치 있는 일에 평생을 헌신하는 방향으로 결심
- ▣ 명문 시카고 대학을 비롯해 록펠러 의약 연구소와 록펠러 재단을 설립하였으며 뉴욕의 유엔 본부 자리도 그가 기증한 땅이며 12개의 종합 대학, 12개 단과 대학, 4,900여 개의 교회를 지어 사회에 기부했으며 뉴욕의 문화 복합 단지인 링컨 센터에도 거액의 금액을 기부했으며, 현대 미술관(MoMA)도 그의 거금 기부가 없었다면 건립이 어려웠다 함
- ▣ 1937년 죽기 전까지 거의 40년 동안 자선 사업에 열중하며 죽기 전 가장 원했던 소망이 100세까지 거동하다가 넘어지지 않고 매일 골프 9홀만이라도 돌았으면 하는 건강이라 전해졌지만 안타깝게 98세의 나이로 별세

• 록펠러 센터 로어 플라자

• 록펠러 센터 로어 플라자

• 록펠러 센터에 위치한 NBC

14. 원 밴더빌트

뉴욕의 새로운 스카이라인을 형성할 마천루

1. 프로젝트 개요

▣ One Vanderbilt. 그랜드 센트럴 터미널 42번 스트리트와 밴더빌트 애비뉴(Vanderbilt Avenue) 코너에 위치한 58층 초고층 오피스타워로 미드타운의 새로운 랜드마크

▣ 뉴욕시 수백 개의 건물을 보유하였으며 뉴욕증시에 상장된 S&P500지수에 편입된 미국의 대표적 부동산개발 회사인 SL 그린 리얼티(Green Realty)사가 개발함

※ 국민연금이 5억 달러를 투자해 지분 27%를 가진 2대 주주 지위를 확보(국민연금의 해외부동산 개발 투자로는 역대 최대 규모)

▣ SL 그린은 뉴욕시로부터 해당 부지의 리조닝(Rezoning)을 허용받는 대신 2억 2,000만 달러를 그랜드 센드럴 터미널 트랜짓 업그레이드에 지원하기로 함

▣ 2021년 완공되는 원 밴더빌트 빌딩이 9.11테러 이후 신축된 원 월드 트레이드 센터와 세계적 명소 엠파이어 스테이트 빌딩, 록펠러 센터와 같은 수준의 랜드마크로 자리 잡으면서 맨해튼의 또 다른 스카이 라인을 형성할 것으로 예상

▣ 원 밴더빌트 빌딩 전망대는 9.11테러 이후 신축된 원 월드 트레이드 센터와 세계적 명소 엠파이어 스테이트 빌딩, 록펠러 센터와 같은 수준의 전망대로, 랜드마크로 자리 잡으면서 맨해튼의 또 다른 스카이 라인을 형성함. 335m 높이로 전망대뿐 아니라 행사 공간도 겸할 수 있는 공간으로 건설됨

2. 건축 개요

구분	내용
위치	51 East 42nd Street, New York, NY
건물 준공	2013년 준공/2021년 완공
건물 높이	427m(1,401ft), 58층
건물 면적	162,600m²(5만 6평)
개발자	SL Green
설계	Kohn Pedersen Fox Associates

• 원 밴더빌트 외관

출처: hines.com

• 원 밴더빌트 전망대

15. 트럼프 타워

트럼프 개발 최고급 주상복합 건물

1. 프로젝트 개요

▣ Trump Tower. 제45대 미국 대통령인 도널드 트럼프가 뉴욕의 가장 화려한 중심지인 5번 애비뉴에 1983년 지은 최고급 고급 주상복합 건물

▣ 68층, 202m의 높이로 뉴욕에서 54번째로 높은 빌딩으로 도널드 트럼프, 더 트럼프 오거나이제이션(The Trump Organization)이 소유 및 개발한 것으로 센트럴 파크를 조망할 수 있으며 부유층을 대상으로 한 화려한 인테리어가 특징임

▣ 1층에서 6층까지 구찌 등 고급 브랜드 상점이 들어서 있는 쇼핑몰 및 레스토랑이 입점해 있으며 그 위부터 26층까지는 사무실, 30층부터 68층까지, 253세대로 유명인들이 사는 콘도로서 최고급 시설로 이루어진 최고급 주상복합 건물

※ 트럼프 대통령은 최상층 펜트하우스에 거주

▣ 빌딩 외관이 모두 검정색 유리로 되어 있어 고급스런 분위기를 자아내며 거울처럼 주변의 빌딩을 비추고 있으며 입구와 내부는 금색으로 장식되어 있으며 실내 정원이 조성되어 있고 벽에서는 5층 높이의 실내 폭포가 설치되어 있음

▣ 5층에는 더 어프렌티스(The Apprentice)라는 NBC 프로그램이 운영되는데 최고의 도전자들이 트럼프 그룹의 CEO가 되기 위해 경쟁을 펼치는 리얼리

티 프로그램이자 도널드 트럼프가 진행하는 리얼리티 TV 쇼로 영국의 TV 제작자인 마크 버넷이 제작

※ '가장 힘든 면접'이라고 불리는 더 어프렌티스는 16명에서 18명의 참가자들이 도널드 트럼프의 회사 가운데에서 하나를 연봉 25만 달러로 1년을 운영하는 계약을 획득하기 위해 서로 경쟁하며 방송 회차마다 트럼프가 참가자 중에서 한 명을 해고하는 방식으로 진행. 해고되지 않고 남는 마지막 1인이 우승자가 됨. 2017년부터는 아널드 슈워제네거가 진행을 맡음

2. 개발 개요

구분	내용
위치	725 5th Ave, New York, NY 10022
건물 준공	1979년 공사 시작하여 1983년 완공
건물 높이	202m
주거용 콘도	253세대
소유주	Donald Trump, The Trump Organization
시행사	Donald Trump
설계	Der Scutt, Poor, Swanke, Hayden & Connell

• 트럼프 타워 입구

• 트럼프 타워 외관

3. 개발 역사

- 트럼프는 20대부터 맨해튼에서 부동산 사업을 시작했는데 젊은 나이에도 부동산 개발로 성공하게 된 시작점이 트럼프 타워 분양 성공의 중요한 계기가 됨
- 1979년 당시 이 부지에는 1929년에 지은 여성 의류와 모자를 중심으로 판매하는 본윗 텔러(Bonwit Teller) 상점이 있는 10층짜리 건물이 있었는데 이 건물을 타겟으로 선정하고 매입해 착수
- 기존 건물주가 매도를 거부하자 트럼프는 그 건물에 입점한 상점의 임대 권리를 우선 매입한 후 그 권리 기간을 무려 100년이나 되는 장기간 형태로 계약함. 그리고는 주변 작은 건물을 하나씩 매입하며 옆 건물의 지상권도 미리 매입함
- 구입하고자 하는 목표 건물의 주변을 구입한 후 건물주에게 처음에는 공동개발 등을 제안한 후 개발 단계로 넘어가면 건설을 위한 은행 융자를 받으면서 기존 건물주의 지분을 적게 만드는 방식으로 트럼프가 주도권을 가지고 개발해 나가며 최종적으로 그 건물과 토지를 본인 소유로 만드는 천재적인 재능이 있음
- 이 건물은 고층으로 개발한 조건의 부지가 아니었으나 옆 건물인 티파니 건물주로부터 지상권을 매입 후 티파니의 지상권리만큼 용적률을 높여 건축물을 높게 올리는 방법을 선택함
- 전체적인 층수를 높일 수 있는 인센티브를 시로부터 받기 위한 전략으로 모서리 코너 부분을 낮게 건축하고, 로비도 5층 높이까지 시원하게 꾸며 아트리움으로 만들어 결국 작은 부지에 58층으로 고층 개발함
- 트럼프 옛 건물의 천사 조각상을 메트로폴리탄 미술관에 기증한다는 약속과 함께 건축 허가를 받는데, 철거 과정에서 그 조각상이 훼손되자 결국 조각상을 부수어 버려 시민들로부터 비난을 받기도 함
- 주거용 아파트인 콘도 분양은 성공적이어서 당시 분양가가 뉴욕 최고가임

에도 불구하고 4개월 만에 전체 260여 가구 95%가 분양됨. 당시 분양가는 가장 적은 스튜디오(원룸)는 60만 달러에서 가장 넓은 곳은 1,200만 달러를 상회함

• 트럼프 타워 내부 홀

4. 트럼프의 생애

▣ 금수저를 물고 태어난 재벌 2세

- 1946년 뉴욕에서 부동산 재벌 프레드 트럼프의 3남 2녀 중 차남으로 태어났으며 어머니 메리 애니는 스코틀랜드 이민자이며 친할아버지는 독일계 이민자로 거칠고 반항적인 행동을 바로잡겠다는 부모의 뜻에 따라 뉴욕군사학교를 졸업했고, 포덤대를 다니다 펜실베이니아대 와튼스쿨에 편입해 경제학 학사 학위를 받음. 2번 이혼했고, 3번 결혼

▣ 뉴욕 군사학교 시절의 트럼프

- 군사학교 출신이지만 군 복무는 하지 않았으며 베트남전 당시인 1964년부터 학업을 이유로 4번이나 징병을 유예받았고 1968년에는 징병 신체검사에서 발뒤꿈치 통증 증후군으로 불합격 판정을 받음

▣ 대학 졸업 후 아버지로부터 부동산 사업을 물려받아 회사명을 트럼프 기업으로 변경하고 호텔과 골프장을 설립 인수하면서 사업을 확장함

▣ 트럼프가 대중적으로 유명해진 것은 2004년부터 NBC 방송에서 '어프렌티스'라는 TV쇼를 진행하면서임. 약 10여 년간 진행된 이 쇼의 시청자 수는 최대 2,800만 명에 달했고, 대중적 유명세를 기반으로 트럼프는 수백 개의 회사를 사들였으며 트럼프가 운영하는 법인은 2015년 기준 480여 개로 추정

▣ 1996년부터 미스 유니버스 조직회를 인수해 미스 유니버스, 미스 USA 등의 대회를 주관하고 있고 국내의 대우 트럼프 월드마크도 트럼프의 투자로 건설

▣ 트럼프의 재산은 최대 12조 원으로 추정되며 트럼프 인터내셔널 호텔 앤드 타워(Trump International Hotel and Tower), 트럼프 파크 애비뉴(Trump Park Avenue), 트럼프 팰리스(Trump Palace), 트럼프 월드 타워(Trump World Tower) 등 뉴욕에 다수의 부동산 소유

▣ 극과 극으로 갈리는 사업가로서의 평가

- 그를 옹호하는 백인 우월주의자들은 '천재 사업가'로 부르는 반면 반대파는 '아버지의 재산으로 호의호식하는 금수저,' '저열한 인종주의자'라는 평가를 내림

- "미국의 역대 대통령 후보 중에 나만큼 성공한 사람은 없다"고 큰소리치는 트럼프가 아버지로부터 얼마나 많은 재산을 받았는지 파악은 불가능하며 트럼프가 보유한 재산 대부분이 부동산인 데다 소유한 법인도 비상장 기업이기 때문임

▣ 미국 대통령으로서의 평가

- 공화당과 민주당의 아웃사이더로 양당 모두의 지지를 받지 못하는 모습을 보였으나 자신의 소신대로 행동하며 비주류였던 백인 노동자층의 열렬한

지지를 받음

- 2019년 CNN의 조사 결과 미국인들의 반 이상이 도널드 트럼프의 재선 성공을 점치고 있으며 경제 및 무역 부분에서는 좋은 점수를 받았으나 이민, 국외 정책에서는 부정적인 평가가 큼

▣ 대통령 임기 이후

- 트럼프는 2020년 대선에서 조 바이든에게 패배했으나 선거 결과에 대해 여러 차례 법적 도전을 하면서 큰 주목을 받았고, 2021년 퇴임 후에도 정치적 영향력을 유지하며 2024년 대선에도 출마했음

• 트럼프 타워 외부 휴식 공간

16. 억만장자 거리

세계에서 가장 비싼 초호화 아파트들

1. 프로젝트 개요

- Billionaires' Row Street. 뉴욕시 맨해튼 미드타운 57번 스트리트에 위치한 거리. 세계에서 가장 비싼 아파트들을 포함한 초호화 주거용 초고층 마천루 건물들이 들어서 있어 높은 건축 기술과 현대적인 디자인을 자랑하며 아름다운 전망과 최고급 시설을 제공함
- 맨해튼 중심부에서 센트럴 파크 근처에 위치해 있는 290m 이상 되는 7~8개 젓가락 모양의 초고층 주거용 럭셔리 아파트들은 가격이 3,000억 원에서 수백억 원에 임박해 전 세계적인 부자들의 주거지로 유명함

• 억만장자 거리의 건물들

출처: 구글어스

2. 억만장자 거리의 건물

건물명	개발자	건축가	시공일	완료일	높이
1 432 파크 애비뉴	CIM 그룹 과 Harry B. Macklowe	라파엘 비놀리	2011년 9월	2015년 12월	1,397ft (426m)
2 53W53	폰티악 랜드 그룹과 하인스	장 누벨	2014년	2019년	1,050ft (320m)
3 111 웨스트 57번 스트리트 빌딩	JDS 개발 그룹 및 부동산 시장 그룹	SHoP 건축가	2014년	2021년	1,438ft (438m)
4 원 57	엑스텔 개발 회사	크리스찬 드 포참파크	2009년 4월	2014년	1,005ft (306m)
5 센트럴 파크 타워 (225 West 57th Street)	Extell Development Company 및 Shanghai Municipal Investment Group	에이드리언 스미스 + 고든 길 건축	2014년	2021년	1,550ft (470m)
6 220 센트럴 파크 사우스	보르나도 부동산 신탁	로버트 AM 스턴 건축사	2015년	2019년	952ft (290m)
7 252 이스트 57번 스트리트	월드 와이드 그룹과 로즈 어소시에이츠, Inc.	Skidmore, Owings & Merrill 의 Roger Duffy	2013년	2016년	712ft (217m)

17. 원 57

초고층 주상복합 아파트 콘도 및 호텔

1. 프로젝트 개요

- One 57. 맨해튼의 가장 요지인 센트럴 파크 맞은편에 위치한 원 57은 맨해튼 미드타운 157 웨스트 57에 위치하며 떨어지는 폭포수를 모티브로 한 특이한 외관과 건물 전면을 둘러싼 은색과 푸른색의 유리창이 돋보이는 호텔과 주거용 고급 아파트 콘도로 '백만장자 빌딩(The Billionaire Building)'이라는 별명을 가진 복합 건물
- 프리츠커를 수상한 크리스티앙 드 포르잠파르크(Christian de Portzamparc)가 설계하였으며 높이 306m로 뉴욕에서 6번째로 높은 빌딩으로, 2015년 432 파크 애비뉴(Park Avenue)가(425.5m) 준공되기 전까지 한동안 뉴욕에서 제일 높은 주거용 건물이었음
- 엑스텔 디벨롭먼트(Extell Development)사가 소유 및 시행하였으며 2014년에 완공. 75층으로 2개 층을 터서 만든 펜트하우스 2를 포함 135개의 주거용 아파트 콘도가 39~75층까지 배치되어 있으며 그 아래는 파크 하얏트 호텔 객실 210개로 이루어짐
- 내부 시설로는 피트니스 센터, 스파, 자동차 발레파킹, 케이터링 키친, 세대별 창고, 공연예술극장, 갤러리, 도서관, 애완동물 전용 목욕탕 등이 있음
- 평당 분양가는 3억 원 정도며 2015년 펜트하우스 310평이 1,150억 원에 팔린 적이 있으며 지금은 부르는 게 값인데 이유는 매물이 희귀하며 지리적 위

치의 이점으로 주변 문화, 교통, 쇼핑, 비즈니스 등 모든 부동산의 최고 장점을 모두 보유하고 있기 때문임

2. 개발 개요

구분	내용
규모	2009년에 73층, 306m(1,005ft) 최초 건축
건물 준공	2009년 4월 준공/2014년 완공
건물 높이	306m
건물 면적	80,500m²(2만 4,387평), 75층
소유주	Extell Development Company
시행사	Extell Development Company
설계	Christian de Portzamparc(프랑스 출신, 플리츠커상 수상자)
구조 엔지니어링	WSP Group

• One 57 외관

3. 기타 시설

• 원 57 연주회장 출처: mansionglobal.com

• 원 57 수영장 출처: streeteasy.com

18. 432 파크 애비뉴

초고층 주상복합 아파트 콘도

1. 프로젝트 개요

▣ 432 Park Avenue. 2011년 맨해튼 파크 애비뉴(Park Avenue)의 432번지에 건설되는 관계로 주소 명칭을 따서 432 파크 애비뉴라는 명칭이 붙은 평당 4억 원이 넘는 세계 최고(最高)의 초호화, 초고층 주상복합 아파트 콘도

▣ 지상 89층, 426m로 미국에서 원 월드 트레이드 센터에 이어 두 번째로 높은 초고층 아파트 콘도 주거용 주상복합임

▣ 미국 사모펀드 CIM Group과 매클로 프로퍼티스(Macklowe Properties)사가 13억 달러(1조 5,000억 원)를 투자, 시행하였으며 2011년 착공하여 2015년 12월 완공. 우루과이 출신 건축가 라파엘 비뇰리(Rafael Viñoly) 와 SLCE 아키텍츠, LLP가 설계

▣ 가로·세로 28m, 면적 825m^{2}에 불과한 건물이 426m까지 올라갈 수 있었던 이유는 초강력 콘크리트와 내풍 설계로 건물 강도가 예전보다 15배 강해졌고 이로 인해 연필과 같은 디자인의 건물이 가능했다고 설명함

※ 슬림한 빌딩이라 층마다 많은 가구 수를 구성하지 못하고 저층에는 3~4개 가구로 설계되고 고층인 70층 부근에는 2가구, 90층대는 한 가구로 구성됨

▣ 88층부터 96층까지 총 12개의 펜트하우스가 있는데 96층 최상층에 위치한 최고가 펜트하우스는 9,500만 달러(1,107억 원)에 달하며 작은 1베드룸은 30층대에 위치해 있으며, 전용 면적 39평으로 75억 원의 시세를 형성

• 432 파크 애비뉴 외관

▣ 12층에는 비즈니스 클럽과 레스토랑이, 14층에는 18석 규모의 소형극장, 텔레 컨퍼런스 회의실, 헬스클럽, 당구장 등이 있으며. 16층에는 2개 레인 규모의 수영장과 샤워실, 마사지 테라피룸이 있어 일류 호텔과 같은 서비스를 이용

▣ 432 파크 애비뉴 투자자들의 절반이 미국인이고 나머지 절반은 중동, 중국, 러시아, 영국, 호주, 필리핀 등 세계 각지의 슈퍼 리치들이며 대부분 투자자들이 자금 회피, 절세 목적의 익명성의 유한책임회사(LLC) 형태로 등기함

2. 개발 개요

구분	내용
규모	2011년에 96층, 425.5m 최초 건축
건물 준공	2011년 9월 준공/2015년 12월 완공
건물 높이	425.5m, 85층
건물 면적	799,995ft^2(2만 2,900평), 125세대
소유주	CIM Group
시행사	CIM Group/Macklowe Properties
설계	Rafael Viñoly(우루과이 출신) and SLCE Architects, LLP

19. 111 웨스트 57번 스트리트 빌딩

뉴욕에서 두 번째로 높은 세계에서 가장 얇은 마천루

1. 프로젝트 개요

▣ 111 West 57th Street Building. 뉴욕시 맨해튼 111 웨스트 57번 스트리트에 위치한 초고층 주거용 마천루로 JDS 디벨롭먼트 그룹(Development Group)과 프로퍼트 마켓츠 그룹(Property Markets Group)에서 개발하고 쇼헤이 시게마츠(Shohei Shigematsu)가 설계한 총 84층, 높이 435m의 빌딩. 2021년 완공되어 뉴욕시에서 두 번째로 높은 빌딩으로 알려짐

▣ 이 빌딩은 '슈퍼슬림' 디자인으로도 유명한데, 비율 1:24의 가로폭 대비 높이가 매우 높은 구조로 전 세계에서 가장 얇은 마천루이며, 테라코타와 청동으로 마감된 호화로운 외관은 고급스러움을 자랑함. 이러한 독특하고도 도전적인 모습은 화려한 뉴욕의 스카이라인 중에서도 독보적으로 눈에 띄는 모습을 자랑함

▣ 레스토랑, 휘트니스 센터, 옥상 정원 등의 편의 시설을 포함하고 있고, 고급스러운 내부 인테리어와 최신 시설을 갖추고 있으며 센트럴 파크 중심에 위치해 있어 실내에서 아름다운 전망을 감상할 수 있음

• 센트럴 파크 중심에 위치한 111 웨스트 57번 스트리트 빌딩 출처: 111w57.com

20. 센트럴 파크 타워

세계에서 가장 높은 주거용 타워

1. 프로젝트 개요

▣ Central Park Tower. 맨해튼에 위치한 세계에서 가장 높은 주거용 건물로, 건축가 아드리안 스미스(Adrian Smith)와 디자인의 세계적 권위자인 고든 길 아키텍처(Gordon Gill Architecture)가 10년 이상 계획하고 협업하여 2020년에 건축한 높이 472m의 마천루

▣ 유리와 강철로 건축된 세련되고 현대적인 외관은 주변 풍경과 태양 빛을 반사하면서 우아하고도 역동적인 모습을 자랑하며 세트백 디자인을 채택해 각 층마다 다른 크기의 테라스를 제공하여 어떤 각도에서 봐도 입체적인 외관을 감상할 수 있음

▣ 총 136층의 객실은 주로 고급 콘도미니엄으로 이루어져 있으며 입주민들에게 수영장, 피트니스 센터, 스파, 라운지 및 공동 공간 등의 다양한 편의 시설을 제공해 주며 센트럴 파크를 내려다보는 전망으로 도심 속에서도 자연의 아름다움을 느낄 수 있음

▣ 건물의 하부 층에는 노드스트롬(Nordstrom) 백화점 등 고급 상업 공간이 위치해 있어 쇼핑객들도 많이 방문하는 뉴욕의 상징적인 랜드마크임

• 센트럴 파크 타워 외관*

21. 타임 워너 센터

쌍둥이 최고급 주상복합 건물

1. 프로젝트 개요

- Time Warner Center. 뉴욕 컬럼버스 서클에 위치한 쌍둥이 빌딩으로 방송, 영화 등 세계적인 미디어 그룹인 타임 워너 센터(Time Warner Center) 사옥이 위치한 주거, 호텔, 사무실, 상가가 결합한 쌍둥이 복합 시설
- 지상 55층, 230m로 더 릴레이티드 컴퍼니스(The Related Companies), AREA 프로퍼티 파트너스사가 시행, 개발하였고 2000년 착공하여 2003년 3월 완공하였으며 SOM사의 데이비드 차일즈(David Childs), 무스타파 케멀 어배던(Mustafa Kemal Abadan)이 설계
- 주상복합 아파트 콘도로 229개의 세대가 있으며 40평 규모 아파트가 47억 원, 75평 규모 아파트가 145억 원 정도 시세로 평당 1~2억 원 가격대로 형성됨
- 주거시설과 함께 사무실, 호텔, 방송국, 브랜드 숍, 최고급 식당 등의 복합 시설로 타임 워너의 본사와 만다린 오리엔탈 호텔, CNN 스튜디오, 홀 푸드 마켓(Whole Foods Market), 재즈전용 극장인 재즈 앳 링컨 센터(Jazz at Lincoln Center) 등이 다양하게 있어 입주민 편의와 더불어 외부 고객들의 발길이 끊이지 않음
- 휴고 보스(Hugo Boss), 코치(Coach) 같은 유명 브랜드숍을 비롯해 뉴욕 최고의 레스토랑으로 꼽히는 퍼 세이(Per Se)나 2010년 미슐랭 가이드로부터 별 3개를 받은 스시 레스토랑인 MASA 등이 입점해 있음

2. 개발 개요

구분	내용
건물 면적	260,128m²(8만 평)
건물 규모	230m, 55층, 229세대
소유주	타임 워너(Time Warner)
시행사	The Related Companies, AREA Property Partners
설계	SOM(Skidmore, Owings & Merrill)의 데이비드 칠드(David Childs) 무스타파(Mustafa), 케멀 아바단(Kemal Abadan)
구조 엔지니어링	WSP Cantor Seinuk, Consentini Associates
추진 일정	2000년 11월 착공/2003년 10월 완공
용도	사무실, 주거 구역, 호텔 및 상가 등

• 타임 워너 센터 외관

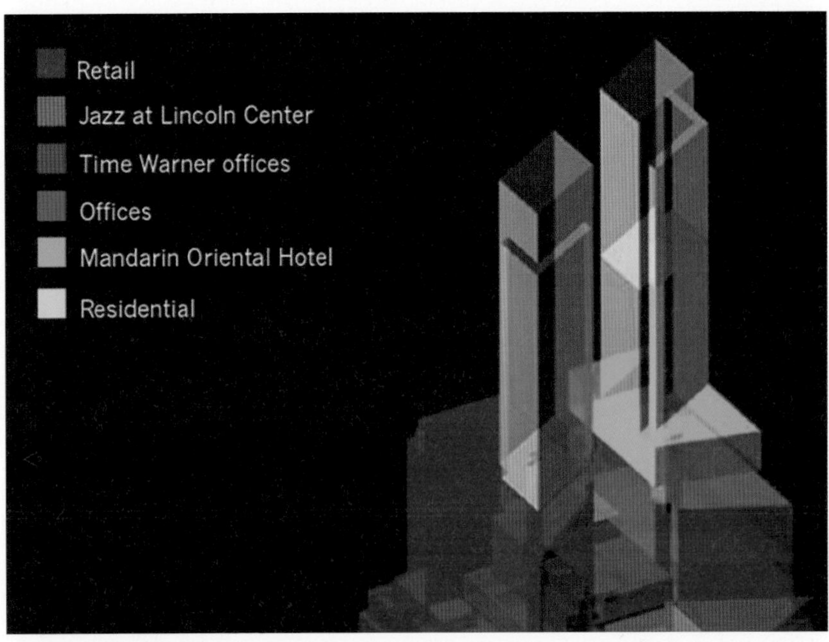

• 타임 워너 센터 용도별 구역

3. 기타 시설

• 타임 워너 센터 내부

• 타임 워너 센터 재즈 앳 링컨 센터

• 타임 워너 센터 CNN

22. 사우스 스트리트 시포트 박물관 재생

뉴욕의 항해 역사를 되살리다

1. 프로젝트 개요

▣ South Street Seaport Museum. 1967년 피터 스탠퍼드(Peter Stanford)와 노마 스탠퍼드에 의해 설립되었으며, 맨해튼의 사우스 스트리트 시포트 지구에 위치한 해양 역사 박물관으로 2만 8,000개 이상의 예술품과 유물, 5만 5,000개 이상의 역사적 기록을 소장하고 있음

▣ 2012년 허리케인 '샌디'로 인해 심각한 피해를 입은 사우스 스트리트 시포트 박물관은 홍수와 강풍으로 인해 건물과 전시품들이 손상되었으나 원래의 건축 양식을 유지하면서 구조적 보강과 현대적인 편의 시설을 추가하고 전시 공간을 개선하며 완벽한 복구와 재건 프로젝트를 시행했음

▣ 사우스 스트리스 시포트 박물관의 재생은 역사적 유산의 보존과 현대적 활용을 결합한 중요한 프로젝트로, 물리적 복구를 넘어서 뉴욕시의 역사적 유산을 보존하는 것뿐만 아니라 새로운 교육 프로그램과 전시를 개발하여 지역사회와의 유대 강화를 토대로 박물관의 지속가능성을 확보하는 것을 목표로 했음

▣ 사우스 스트리스 시포트 박물관은 다양한 전시뿐만 아니라 가이드 투어, 워크숍, 강연, 영화 상영 등의 특별 이벤트 등을 통해 해양 역사의 중요성을 알리고 지난 수세기 동안 항구에서 일어났던 상업, 노동 및 다양한 문화의 글로벌 상호 작용에 대한 실무적인 발견과 교육을 제공하고 있음

▣ 사우스 스트리트 시포트 박물관은 피킹(Peking), 웨이버트리(Wavertree), 암브로즈(Amrose) 등 여러 대의 역사적인 선박을 소장하고 있으며, 뉴욕의 해양 역사와 문화를 소개하고, 항해와 관련된 예술 작품과 공예품을 전시하며 뉴욕 항구에 관련된 역사적 사진, 문서, 지도 등을 통해 과거로부터 이어진 뉴욕 해양 유산을 생생하게 전달하고 있음

• 사우스 스트리트 시포트 박물관 외관

출처: nylandmarks.org

• 박물관 내 전시된 그림

출처: southstreetseaportmuseum.org

23. 삼성 837

IT 기술에 문화, 예술, 스포츠 등을 결합한 디지털 복합 체험 공간

1. 프로젝트 개요

▣ Samsung 837. 삼성전자의 고객 체험 공간인 삼성(Samsung) 837 마케팅 센터는 IT 첨단 기술과 미국인들이 선호하는 스포츠, 문화 등 다양한 컨텐츠 체험의 복합 문화 체험 공간

▣ 삼성 837은 뉴욕 미트패킹 지역(Meatpacking District)의 중심부인 837 워싱턴 스트리트에 위치하며 미트패킹 지역은 과거 육류 가공업체 밀집 공간이었지만 최근 대대적 개발이 진행되면서 지금은 첼시 마켓을 비롯, 내로라하는 식품·패션·IT·미디어 기업 공간이 몰려 있는 '핫플레이스'임

※ 삼성 837 의미

- 워싱턴 837번 스트리트에 위치해 유래됐으며 뉴요커들이 열광하는 8가지 포인트(패션, 테크놀로지, 요리, 음악, 스포츠, 건강·웰빙, 예술, 엔터테인먼트)와 관련된 이벤트나 전시를 하루 3가지씩 7일간 펼친다는 의미

▣ 2016년 2월 22일 오픈, 5,300m²(1,600평) 규모의 삼성 837은 삼성전자의 최신 IT 기기를 즐기고 체험해 볼 수 있는 공간. 총 6층 규모로 지하 1층, 지상 6층으로 1~3층은 삼성전자 제품의 체험·전시 공간, 4~6층은 사무 공간임

▣ 삼성전자가 가장 주력하는 것은 삼성의 첨단 정보통신(IT) 기술에 문화, 예술, 스포츠를 결합한 체험이며. '디지털 놀이터'와 비슷한 개념

▣ 나이키 스포츠 캠페인 사진작가로 유명한 카를로스 세라오(Carlos Serrao)와 협업한 'Hu' 코너는 터널 안에 스마트폰을 촘촘하게 설치해 놓고 폰 앞에서

방문객들이 동작을 취한 후 터널을 통과하면 터널 외벽 스크린에서 이 동작이 형상화돼 연출되어 고객들로부터 가장 큰 호응을 얻는다 함

※ 부동산 개발업자 토르 이쿼티스 앤드 태코닉(Thor Equities and Taconic)사로부터 20년간 장기 임대

• 삼성 837 외관

• 삼성 837 내부

• 삼성 837 내부 체험홀

• 삼성 837 VR 체험

24. 링컨 센터

복합 공연 예술 센터

1. 프로젝트 개요

▣ Lincoln Center. 여섯 명의 모더니즘 건축가들은 1960년대 초에 뉴욕시의 링컨 센터 콤플렉스(Lincoln Center Complex)의 건축 설계 작업을 나누어 배정받았음

▣ 콘서트홀은 맥스 애브라모비츠(Max Abramovitz), 오페라 하우스는 월레스 해리슨(Wallace Harrison), 필립 존슨(Philip Johnson)은 발레 시어터(Ballet Theater), 고든 번섀프트(Gordon Bunshaft)는 퍼포밍 아츠 라이브러리(Performing Arts Library), 이어로 새리넨(Eero Saarinen)은 리퍼토리 시어터(Repertory Theater), 피에트로 벨루치(Pietro Belluschi)는 줄리어드 스쿨(Juilliard School)과 학교의 콘서트홀을 맡았음

▣ 메트로 폴리탄 오페라 하우스(Metropolitan Opera House)는 약 3,800석의 객석이 있는 오페라단 전용 공연장이며 각각의 건물들이 공연, 예술, 연극 등 전용 예술 분야에 특화되어 있음

• 링컨 센터 전경

• 링컨 센터 데이비드 게펜 홀

• 줄리어드 음대

2. 링컨 센터 마스터 플랜

▣ 링컨 센터가 차별화된 설계 아이덴티티를 가져야 하며 개별 건물들의 단순한 모음이 되지 않아야 한다는 기본 원칙에 동의했으며 링컨 센터의 건물들이 주차장 상부에 조성된 플랫폼을 차지하고 컬럼버스 애비뉴(Columbus Avenue)와 암스테르담 애비뉴(Amsterdam Avenue) 사이의 62번 스트리트에서 65번 스트리트까지 대형 슈퍼블록을 형성해야 한다는 것에 동의했고 줄리어드 음악학교는 65번 스트리트의 상부에 지어 다리를 통해 플랫폼과 연결되도록 계획함

▣ 슈퍼블록과 지상층보다 높게 조성된 플랫폼 플라자는 모더니스트들의 대명사

▣ 건물들이 플랫폼 위에 어떻게 배치되어야 하고, 어떻게 건물들이 서로 관계

할 것이며, 건물들 간의 디자인 관계는 무엇인가에 관해서는 어떤 그룹의 구성원도 설계적 특성을 주도할 수 없었으며 합의에 이르지 못할 상황에 이르자 필립 존슨이 전통 도시 설계 기원의 대표 사례로서 미켈란젤로가 설계한 로마의 카피톨리니 힐(Capitoline Hill)의 광장을 통해 모두가 받아들일 수 있는 타협안을 찾음

※ 필립 존슨은 미켈란젤로 광장에서 3개의 건물이 각각의 축을 가지고 중심점에서 모인 배치와 미켈란젤로의 발명이라고 여겨지는 각 건물의 지상층부터 최고층까지 규칙적으로 나열된 다층형 건물 파사드의 구성 방법을 제안했는데, 3개의 건물은 중앙부의 오페라 하우스, 콘서트홀, 댄스 시어터였음

▣ 여섯 건축가들이 이론상으로 동등하다는 전제하에 당시 설계의 문제점에 대한 필립 존슨의 해결책이 완벽하지는 못했으나 진단은 예리했음. 필립 존슨은 건축의 역사에 대한 광범위한 지식을 바탕으로, 자신은 비록 모더니즘 지지자였으나 다른 건축가들에게 모더니즘이 다양한 건물군을 모두 배치할 수 없다는 한계를 이해시키고 문제를 해결해서 중요한 역사적 건축물을 만들어 냈음

• 링컨 센터 측면 전경

• 줄리어드 음대 준 노블 랄킨 로비

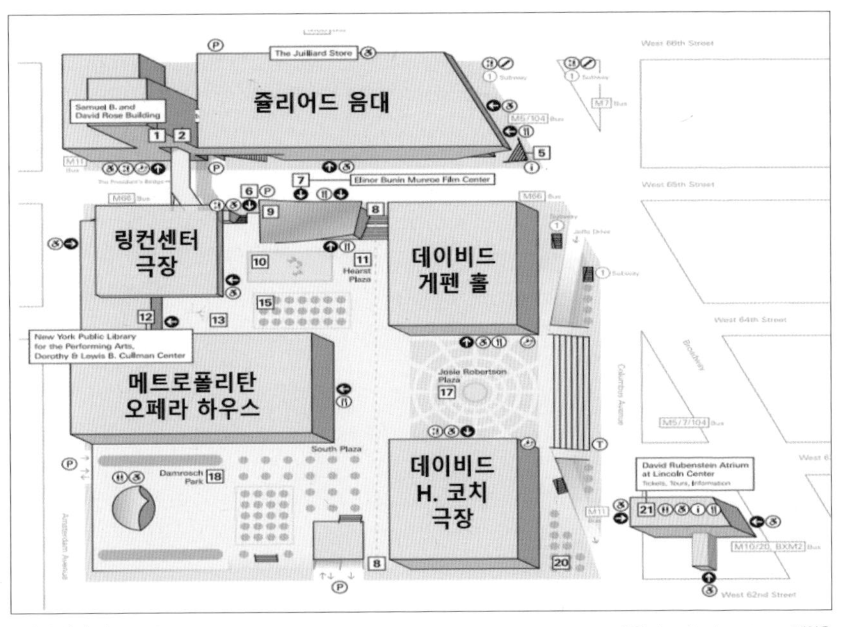

• 링컨 센터 지도

출처: aboutlincolncenter.org 재인용

25. 비아 57 웨스트

코트스크레이퍼 건축 스타일의 혁신적인 주거 공간

1. 프로젝트 개요

■ VIA 57 West. 맨해튼에 위치한 주거용 건물로, 유명한 덴마크 건축가 비야르케 잉겔스(Bjarke Ingels)가 새롭게 제안한 '코트스크레이퍼(courtscraper)' 건축 스타일로 설계되었으며, 높이 142m, 34층의 피라미드 모양의 독특하고 혁신적인 디자인으로 2016년 5월에 완공되었음

• 비아 57 웨스트 출처: www.archdaily.com

▣ 삼각형 피라미드 모양의 혁신적인 디자인은 건물의 북동쪽 부분을 450ft까지 높여 주거 공간을 늘리면서 허드슨강의 멋진 전망을 최대화하면서도 인접한 헬레나 타워의 강 전망을 가리지 않고 보존해 주며 주변 건물과 조화를 이룸

▣ '코트스크레이퍼'는 고층 건물인 스카이스크레이퍼(skyscraper)와 전통적인 유럽식 건물의 중정(courtyard) 구조를 결합한 건축 유형을 말하며 안뜰과 초고층 빌딩이라는 서로 배타적인 두 가지 유형을 융합한 방식으로 도시 내에서 거주자에게 더 나은 삶의 질을 제공하는 혁신적인 건축 방식으로 주목받고 있음

▣ 지속가능성과 환경 친화적인 설계를 중요시하는 코트스크레이퍼는 더 나은 에너지 효율성, 자연 채광, 녹지 공간 제공 등의 장점을 지님. 비아 57 웨스트 또한 중앙에 대형 정원이 위치해 있어 휴식을 취하며 자연을 즐길 수 있고, 사생활을 보호하면서도 개방감을 느낄 수 있는 중정으로 거주자들은 더 많은 자연 채광과 공기 순환을 제공받을 수 있음

▣ 비아 57 웨스트는 라운지 및 이벤트 공간, 골프 시뮬레이터, 영화 상영실, 수영장, 농구장, 체육관 및 포커, 탁구, 당구 및 셔플 보드를 위한 게임 룸 등 다양한 편의 시설이 갖춰져 있어 문화 및 상업 프로그램을 갖춘 다양한 규모의 주거 공간을 자랑함

• 비아 57 웨스트 중앙 정원

26. 원 맨해튼 스퀘어

맨해튼의 럭셔리한 최고급 주거 공간

1. 프로젝트 개요

▣ One Manhattan Square. 맨해튼의 투 브리지스(Two Bridges) 인근에 위치한 약 800ft 높이의 초고층 타워. 10만ft^2 이상의 전용 실내 및 실외 편의 시설을 갖춘 고급 주거용 건물로 애덤슨 어소시에이츠(Adamson Associates)와 토더스 헤더윅(Thomas Heatherwick)이 총 811세대로 설계하여 2019년 8월에 완공되었음

▣ 매끄러운 유리 외관이 돋보이는 원 맨해튼 스퀘어는 강의 잔잔한 물결과 내리쬐는 햇빛을 반사해 맨해튼의 스카이라인을 더욱 화려하게 만들어 주며 내부 공간은 채광을 극대화하고, 어느 곳에서나 이스트 리버와 도심의 탁 트인 전망을 즐길 수 있도록 독특한 각도를 이루고 있음

▣ 따뜻하고 현대적인 인테리어를 자랑하는 약 815개의 고급 주거 공간과 실내 수영장과 스파, 피트니스 센터, 영화관, 와인 테이스팅 룸, 도서관 등 다양한 실내 편의 시설로 럭셔리 라이프 스타일을 제공함

▣ 뉴욕시 최대 규모의 개인 정원을 제공하며 약 4,180m^{2}의 정원에는 다양한 식물과 나무, 잔디밭, 화단, 산책로 등 사계절의 자연을 감상하며 여유를 느낄 수 있는 공간뿐만 아니라 바비큐 그릴, 피크닉 테이블, 라운지 공간 등도 갖춰져 있어 사교 활동을 즐길 수 있음

• 원 맨해튼 스퀘어 외관*

▣ 정원에는 레크리에이션 공간도 마련되어 있어 어린이들의 놀이 공간으로 활용하거나 다양한 스포츠 활동을 즐길 수 있고, 곳곳에는 벤치와 편안한 좌석이 마련되어 있어 거주자들이 자유롭게 휴식을 취할 수 있음

• 원 맨해튼 스퀘어 실내 공간 출처: onemanhattansquare.com

27. 틴 빌딩

과거 해산물 시장에서 현대적인 식음료 시장과 레스토랑으로 재탄생

1. 프로젝트 개요

■ Tin Building. 맨해튼에 위치한 역사적이고 상징적인 건축물 중 하나로, 1907년부터 뉴욕 항구의 중심지였던 시포트 지구(South Street Seaport)에서 해산물 시장으로 사용되다가 2005년에 폐쇄되었고, 미국의 스타 셰프 장 조르주와 부동산 개발업체 하워드 휴즈가 주도한 재개발 프로젝트로 2022년에 복원되었음

■ 세계 최대 규모의 해산물 도매 시장 중 하나로 상업과 문화가 교차하는 배경이었으며 시포트 지구의 해양 역사를 기념하는 중요한 랜드마크로 알려짐

■ 틴 빌딩의 역사적 건축 요소를 보존하면서도 현대적인 식음료 시장과 다이닝 공간으로 탈바꿈시키는 것을 목표로 건물의 외관과 내부 구조는 현대적인 감각을 반영하면서, 건물의 구조적 안정성을 높이고 원래의 특징을 최대한 유지하는 방향으로 8년 동안 세심하게 복원되었음

■ 틴 빌딩 내부에는 다양한 고급 식료품점, 신선한 해산물 가게, 정육점, 주류 상점 등 고급 식음료 시장과 장 조르주가 운영하는 여러 레스토랑과 카페가 위치해 있으며 요리 클래스, 와인 테이스팅, 음악 공연 등 다양한 이벤트가 정기적으로 열림

■ 틴 빌딩 재개발 프로젝트는 뉴욕의 역사적 건축물을 현대적인 용도로 재탄생시킨 성공적인 사례로 평가받고 있으며 지역의 문화적, 경제적 발전에 기

여하고 있음

• 틴 빌딩 외관

• 틴 빌딩 해산물 시장

• 틴 빌딩 레스토랑

• 틴 빌딩 식료품 마켓

28. 8 스프루스

뉴욕시 스카이라인의 시대를 초월한 아이콘

1. 프로젝트 개요

▣ 8 Spruce. 맨해튼의 로어 맨해튼 지역에 위치한 주거용 초고층 건물로, 건축가 프랭크 게리(Frank Gehry)가 설계함. 76층, 약 265m 높이의 혁신적이고 독특한 디자인으로 2006년에 착공하여 2011년 완공되었음

▣ 건축 당시 서반구에서 가장 높은 주거용 건물이자 뉴욕시 스카이라인의 시대를 초월한 아이콘이 되었으며 건물의 디자인과 기능성에 관한 우수성을 인정받아 세계적인 고층 건물 및 건축 프로젝트를 대상으로 하는 권위 있는 상인 엠포리스 스카이스크래퍼 어워드(Emporis Skyscraper Award)의 우승자가 되었음

▣ 물결 모양의 스테인리스 스틸 패널로 구성된 외관은 측면을 따라 휘어져 있어 각기 다른 각도에서 다양한 빛 반사 효과를 내고, 건물에 유동적이고 생동감 있는 느낌을 주는 독특한 해체주의 디자인으로 예술적인 디테일을 강조했음

▣ 898개의 고급 아파트가 있고, 하층부에는 상업 및 교육 시설이 있으며 뉴욕시 교육국(DOE) 산하의 공립 초등학교가 위치해 있고 헬스 클럽, 수영장, 옥상 정원과 테라스, 당구장, 영화 상영실, 파티 룸 등의 레크리에이션 시설이 갖춰져 있음

• 8 스프루스 외관(왼쪽), 물결 모양의 건물 외벽(오른쪽)*

29. 라디오 호텔 앤드 타워

도시의 특징을 살린 독창적인 디자인의 복합 건물

1. 프로젝트 개요

- Radio Hotel and Tower. 맨해튼의 워싱턴 하이츠 지역에 위치한 독특한 디자인의 건물로 네덜란드 건축 회사 MVRDV와 스톤힐 테일러(Stonehill Taylor)가 디자인했으며 다채로운 색상의 패널과 독특한 구조와 형태로 뉴욕시의 새로운 랜드마크가 되었음
- 8가지 색상의 유약 벽돌로 덮인 외관은 활기찬 뉴욕시의 풍경을 더욱 돋보이게 만들며, 이는 다른 도시와는 다른 독특하고 흥미로운 특징을 가지고 있는 워싱턴 하이츠만의 특성을 나타내기 위한 디자인 요소임
- 221개 다양한 유형의 객실은 비즈니스 또는 관광객 모두를 수용할 수 있고, 건물의 일부 공간은 사무실과 주거용으로 사용되고 있으며 피트니스 센터, 루프탑 테라스, 레스토랑 등 다양한 편의 시설이 갖추어져 있음
- 라디오 호텔 앤 타워는 독창적인 디자인으로 전세계의 이목을 집중시켜 랜드마크로 발전했고 이는 지역사회 발전에 큰 공헌을 하고 있으며 도시적 특징을 잘 살린 관광 명소로 관심을 끌고 있음

• 라디오 호텔 앤드 타워 외관

출처: www.mvrdv.com

30. 리틀 아일랜드

허드슨강의 그린 오아시스

1. 프로젝트 개요

- Little Island. 허드슨강에 위치한 리틀 아일랜드는 헤더윅 스튜디오(Heatherwick Studio)와 매튜스 닐슨 랜드스케이프 아키텍츠(Mathews Nielsen Landscape Architects)가 설계하여 2021년 5월에 공개되었으며 약 2.4ac 규모의 공원은 아름다운 자연경관과 예술, 문화 행사를 시민들에게 제공하는 목적으로 설계되었음
- 영국의 유명한 디자이너 토마스 헤더윅은 물에 떠 있는 나뭇잎에서 영감을 받아 리틀 아일랜드를 물 위에 떠 있는 듯한 형태로 디자인했고, 끝부분이 나팔 모양으로 된 280개의 콘크리트 기둥이 각기 다른 높이로 설치되어 있어 공원 전체에 다양한 지형과 경관을 제공하며 미래 지향적인 디자인을 감상할 수 있음
- 도심 속에서 35종 이상의 나무, 65종 이상의 관목, 수백 종의 식물들을 만날 수 있는 리틀 아일랜드는 허드슨강의 그린 오아시스라고 불리며 맨해튼과 뉴저지, 주변 강의 아름다운 경치를 감상할 수 있는 섬의 가장 높은 곳으로 이어지는 산책로가 위치해 있음
- 허드슨 강변의 이전 부두를 새롭게 재생하여 도시 재생의 성공 사례로 평가받고 있음

• 리틀 아일랜드 전경

31. 도미노 파크 재생

설탕 정제 공장을 재생한 친환경적인 공원

1. 프로젝트 개요

▣ Domino Park. 뉴욕시 브루클린 윌리엄스버그에 위치한 공원으로, 세계에서 가장 큰 설탕 정제 공장 중 하나였던 도미노 제당소 부지를 재개발하여 만든 공원. 과거 산업 지역을 친환경적인 공원으로 전환시킨 대표적인 프로젝트이며 약 6ac 크기의 부지를 투 트리스 매니지먼트(Two Trees Management)가 인수했고 제임스 코너 필드 오퍼레이션스(James Corner Field Operations)가 공원 설계를 담당했음

▣ 도미노 제당소는 이스트강을 따라 위치해 있으며 1856년에 설립되어 미국 설탕 생산의 98%를 담당하며 브루클린의 핵심 산업이었지만 1950년대부터 급격히 감소하여 2004년 폐쇄되었음

▣ 이스트 강변을 따라 약 800m 길이로 펼쳐져 있는 도미노 공원은 과거 설탕 공장의 기계 및 구조물을 전시한 산책로와 정제 과정에서 사용된 시럽 탱크를 재사용하여 공원 내 조형물로 배치했고 설탕 정제 과정을 테마로 한 놀이터 등 과거 도미노 정제소의 역사적 요소를 현대적으로 재해석하여 보존한 요소를 30개 이상 설치하여 재사용하고 있음

▣ 레스토랑 및 카페와 피크닉 공간, 운동 시설 등 다양한 편의 시설도 갖추고 있어 공원 조성 이후 주변 상권이 활성화되고, 관광객들이 증가하여 지역 경제에 긍정적인 영향을 미치고 있음

• 도미노 파크 전경 출처: www.nyctourism.com

• 설탕 정제 과정을 테마로 한 놀이터 출처: www.playlsi.com

5

뉴욕의 주요 명소

1. 자유의 여신상

미국과 자유의 상징

■ Statue of Liberty. 미국 뉴욕 리버티섬에 세워진 93.5m의 키에 204t의 육중한 체중을 가진 여신상으로 프랑스가 미국 독립(1776년) 100주년을 기념하여 1876년 선물함

■ 머리에는 7개의 대륙을 나타내는 뿔이 달린 왕관을 쓰고 있고, 오른손은 횃불을 치켜들고 왼손으로는 독립선언서를 안고 있으며 정식 명칭은 '세계를 밝히는 자유(Liberty Enlightening the World)'임

■ 석조 받침대 부분까지는 엘리베이터가 운행되고 있고, 동상 발 부분부터는 내부에 설치된 원형 계단을 통해 왕관 부분에 있는 전망대까지 올라갈 수 있으며 통짜쇠가 아니고 철근으로 만든 뼈대에 껍데기만 씌운 조립식 구조물임

■ 프랑스가 미국에 선물로 줄 당시 조립식으로 만들어 보낸 것을 미국이 조립한 것

■ 로어 맨해튼에 위치한 배터리 파크에서 페리 호를 타고 15분 소요

■ 1984년 유네스코 세계유산으로 지정됨

• 자유의 여신상
출처: www.shutterstock.com

2. 센트럴 파크

뉴욕 시민에게 제공되는 도시 생활의 필수적 공간

1. 개요

▣ Central Park. 맨해튼이 1850년대에 급격한 도시화로 업무나 주거환경의 질이 저하되면서 도시의 공공 오픈 스페이스를 제대로 확보하지 못하자 맨해튼 지식인들이 고밀도의 난개발에 관한 우려를 표했고 《뉴욕 이브닝 포스트(New York Evening Post)》의 편집장이었던 윌리엄 쿨런 브라이언트(William Cullen Bryant)의 아이디어와 캠페인으로 뉴욕시에 공원을 조성하기 위한 시민운동이 시작되었으며 이후 새로 선출된 뉴욕시장인 킹슬랜드(Kingsland)가 공공 오픈 스페이스의 필요성을 이슈화하며 공원 조성의 입법을 추진함

▣ 1858년 뉴욕주가 공원 부지를 매입하고 뉴욕시는 공원 계획안을 현상 공모, 프레드리 로 옴스테드(Fredri Law Olmsted)와 캘버트 복스(Calvert Vaux)의 '그린스워드 플랜(Greensward Plan)'이 당선되고 공원 소유권은 뉴욕주에 있지만 실제 공원 조성은 뉴욕시가 단계적으로 함

▣ 1873년 16년의 공사 끝에 미국 최초의 대형 도시 공원으로 탄생한 센트럴 파크는 150년의 역사를 가지며 현대 도시공원의 시발점이자 대명사라고 평가받음. 101만 평의 장방형 부지에 숲(16만 평), 녹지(연못·저수지 18만 평, 잔디밭 30만 평)이 대부분을 차지하고 있어 자연공원에 가까움

▣ 20세기 초에 북쪽에 추가로 공원을 조성하여 15년이 지나 수목들이 어느 정도 성장한 후에 시민의 공원 입장을 허용할 정도로 공원화 사업은 신중하면

서도 장기적으로 추진되었으나 1950년대부터 1970년대까지는 공원 관리가 제대로 이뤄지지 않아 황폐화되어 관리 문제가 조명됨

▣ 뉴욕시는 CPC(Central Park Conservancy)라는 민관 파트너십을 도입해 문제를 해결하였으며 이 기구는 민간 기부금으로 관리 비용의 80%를 조달하고 나머지는 뉴욕시가 부담하고 매칭 펀드 형식으로 기부금액에 따라 뉴욕시의 보조금도 증가하는 시스템으로 운영함

▣ 주요 시설은 미술관, 어린이 동물원, 정원, 어린이 놀이터, 운동 시설 등 최소한도로 설치하며 이용객은 연간 2,500만 명(하루 10만 명)으로 공원 이용객의 대부분(75%)은 인근 주민과 직장인임

▣ 뉴욕시는 공원 주변 지역의 고층 고밀도의 개발이 초래할 부정적 영향을 사전에 방지하고자 특별 지구(Special Park Improvement District)로 지정, 관리하고 있으며 관리의 기본 방향은 공원의 휴식 기능과 조화를 이룰 수 있도록 고층 개발과 차량 출입을 억제하고 보행 중심 경관 형성과 보존을 원칙으로 하고 있음

▣ 공원 남측 지역에 대한 특별 지구 지정을 통해 고층개발, 무분별한 상업화, 자동차에 의한 보행 환경 훼손 등을 억제하기 위해 세심한 도시 관리를 시행하고 있음

▣ 센트럴 파크의 의미

- 미국 최초의 인공 공원
- 도심 속에 사는 뉴욕 사람들의 오아시스
- 여가 생활, 휴식, 운동, 데이트 등을 즐기는 장소

2. 공원 재원

구분	내용
남북 길이	4.1km
동서 길이	0.83km
면적	3.41km²(약 100만 평)
개원일	1857년
방문객	연간 3,750만 명

• 센트럴 파크 지도

• 센트럴 파크 내부

• 센트럴 파크 산책로

3. 센트럴 파크 명소

• 프리드삼 기념 회전목마*

• 십 미도우(잔디밭)*

• 델라코트 극장 출처: centralparkny.org

• 아이스 링크*

• 북쪽 공원

• 재클린 케네디 오나시스 저수지*

3. 브라이언트 파크

뉴욕 시민들을 위한 작은 녹지

1. 개요

▣ Bryant Park. 뉴욕 미드타운 5, 6번 스트리트 사이에 있는 도시 공원으로 뉴욕 패션 위크, 더 폰드(The Pond) 아이스 스케이트장 등으로 활용되었음

▣ 1686년 토마스 던간(Thomas Dongan) 뉴욕 식민 주지사가 대중들을 위한 공간으로 설계하였으며, 1823년부터 1840년까지 공동묘지로 이용됨

▣ 1847년 리저브 스퀘어(Reservoir Square)란 이름으로 명명되었으나 1884년 윌리엄 컬렌 브라이언트(William Cullent Bryant) 《뉴욕 이브닝 포스트》 편집장의 이름을 따 브라이언트 파크로 바뀜

※ 윌리엄 컬렌 브라이언트

- 시인, 변호사, 〈뉴욕 이브닝 포스트〉 편집장으로서 활동하였음
- 개방 무역, 노동자의 권리, 언론의 자유, 노예제도 폐지 등을 주장하였으며 뉴욕 센트럴파크, 메트로폴리탄 미술관, 뉴욕 메디컬 대학 등의 구상과 설립에 기여함
- 1821년 《시집(Poems)》을 내며 시인으로 데뷔하였으며 미국의 주요 시인 중 한 명으로 인정받음

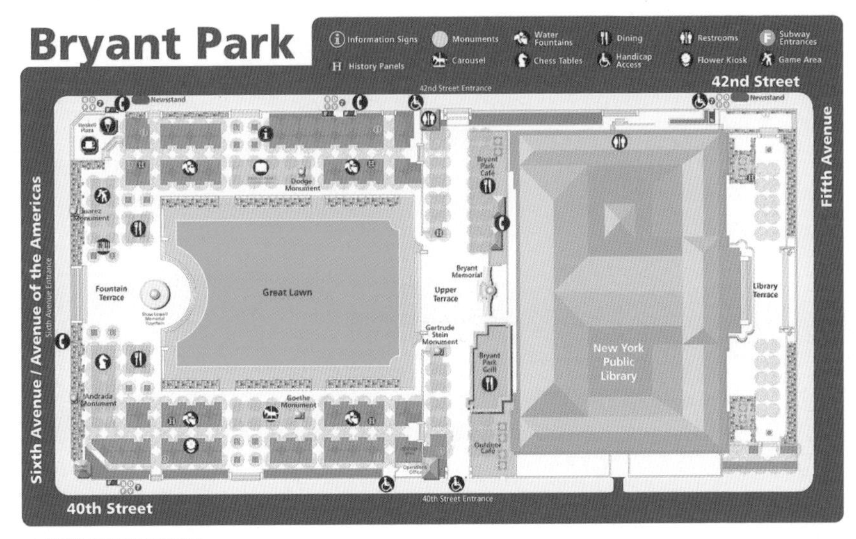

• 브라이언트 파크 안내도

• 브라이언트 파크 내 휴식을 취하는 사람들

2. 7 브라이언트 파크

■ 개요

- 7 브라이언트 파크 오피스 건물은 맨해튼의 브라이언트 파크와 아메리카스 애비뉴(Americas Avenue) 코너에 있는 트로피급 오피스 타워
- 하인스(Hines)사가 주도적으로 개발하여, 2015년 완공하였으며 주요 임차인은 뱅크 오브 차이나(Bank of China), 슈로더스(Schroders) 등 금융회사
- 30층의 47만ft²(1만 3,430평) 건물은 세계적인 건축가 헨리 N 코브(Henry N. Cobb)가 설계함
- 스틸과 유리 타워는 7 브라이언트 파크와 역사적인 뉴욕 공립 도서관 및 기타 미드타운의 스카이 라인의 랜드마크를 직접적이고 광범위하게 감상할 수 있음
- 3m의 천장 전체 높이와 외부가 투명하게 보이는 투명한 비전 글라스, 10층이 내려다보이는 2개의 넓은 야외 테라스와 26층에서 28층의 복층 펜트하우스가 설치되어 있음

■ 주요 건축 개요

구분	내용
위치	1045 6th Avenue, New York, NY
건물 준공	2013년 준공/2015년 완공
건물 높이	138.4m
건물 면적	44,320m²(1만 3,430평)
소유자	Hines, Pacolet Milliken Enterprises
설계	Pei Cobb Freed & Partners
인테리어 디자인	Gennsler
시공사	Turner Construction Company
임차인	Bank of China, Schroders

• 7 브라이언트 파크 오피스 외관

4. MoMA(뉴욕 현대 미술관)

현대 미술의 역사와 미래

■ MoMA(The Museum of Modern Art). 맨해튼 미드타운 53번 스트리트에 위치한 뉴욕 현대 미술관은 엘리자베스 루이스, 메리 퀸 설리번, 애비 올드리치 록펠러 등 진보적이고 영향력 있는 세 명의 예술 후원자의 노력으로 1929년에 설립되어 현대 및 현대 미술 작품들을 폭넓게 수집하고 전시하고 있음

■ MoMA는 전 세계적으로 가장 영향력 있는 현대 미술관 중 하나로 주요 컬렉션에는 빈센트 반 고흐의 〈별이 빛나는 밤에〉, 파블로 피카소의 〈아비뇽의 처녀들〉, 앤디 워홀의 〈캠벨 수프 캔〉 등이 포함되어 있음

■ MoMA의 컬렉션은 약 20만 점의 건축 및 디자인, 드로잉 및 판화, 회화 및 조각, 미디어 및 공연 예술 작품, 사진과 약 200만 장의 영화 스틸로 구성되어 있으며 박물관의 도서관 및 기록 보관소에는 세계 현대 미술에 관한 연구 자료가 집중되어 있어 각 큐레이터 부서에서는 학생, 학자 및 연구원이 이용할 수 있는 연구 센터를 운영하고 있음

■ 교육 기관의 역할에도 전념하고 있는 MoMA는 모두가 현대 및 현대 미술의 세계에 근접하고 이해할 수 있도록 갤러리 토크, 강의, 심포지엄 등 다양한 프로그램을 제공함

• MoMA 정문*

• (왼쪽) 고흐, 〈별이 빛나는 밤에〉 (오른쪽) 피카소, 〈아비뇽의 처녀들〉*

5. 구겐하임 미술관

나선형 외관이 특징인 20세기 미술관

▣ Guggenheim Museum. 세계 곳곳에 여덟 개의 박물관을 운영하고 있는 구겐하임 재단 산하 미술관

▣ 뉴욕의 일반적인 건축 형태와 다른 원형 구조가 특징으로 1959년 프랭크 로이드 라이트가 디자인하였으며 건축물 자체가 달팽이처럼 나선형으로 내려오며, 20세기의 중요 건축물로 꼽힘

▣ 다양한 특별전들을 개최하는 것으로 유명하며 반 고흐 등 세계적인 미술가들의 작품을 감상할 수 있으며, 예술품으로 인상파와 후기인상파, 그리고 현대 미술을 전시함

▣ 철강왕 벤저민 구겐하임(Benjamin Guggenheim)의 상속녀였던 페기 구겐하임이 상속받은 유산으로 세계의 미술품을 모으며 동시에 예술가들을 육성함으로써 발생한 상당 수의 예술 작품들을 전시할 미술관이 필요했고 이에 솔로몬 R. 구겐하임이 지금의 구겐하임 미술관을 건립함

• 구겐하임 미술관 외관*

• 빈센트 반 고흐, 〈생 레미의 산〉*

6. 메트로폴리탄 미술 박물관

선사시대부터 현대까지 다양한 예술품이 있는 박물관

▣ Metropolitan Museum of Art. 어퍼 이스트 사이드에 위치해 있는 세계적인 박물관 및 미술관

▣ 작품 수나 규모 면에서 그 크기가 방대하여 내부에서 길을 잃을 수 있을 정도

▣ 뉴욕 사람들에게는 '멧(Met)'이라는 애칭으로 불리며 선사 시대부터 고대 이집트, 르네상스, 그리고 현대까지 시대별로 작품이 구분되어 있음

▣ 미국 독립기념일을 축하하기 위해 파리에서 1866년 모인 미국인들의 회합에서 설립이 제안되어, 1870년 소규모로 개관함

▣ 1880년 현재의 위치로 이관하였으며 기금을 통한 예술품 구입과 각종 기증 등으로 현재 회화, 조각, 사진 등 다양한 예술품이 약 300여 만 점을 소장하고 있음

▣ 특히 이집트 전시관이 있는 색클러 윙(Sackler Wing)에 전시된 〈덴두르 사원(Temple of Dendur)〉이 가장 인기가 있음

• 메트로 폴리탄 미술 박물관 외관

출처: tripster.com

(1) 메트로폴리탄 미술 박물관 내부 지도

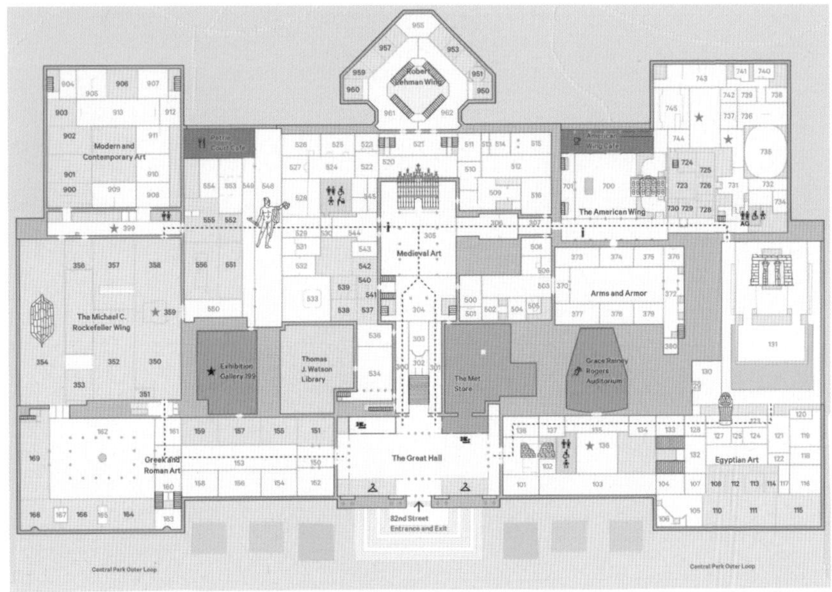

출처: maps.metmuseum.org

(2) 〈덴두르 사원〉

- 1965년 이집트 정부가 아스완 댐(Aswan Dam) 건설을 미국측이 지원해 준 보답으로 미국 정부에 기증한 선물
- 서기전 10년 지어진 사원 건물이며, 이집트 미술에서 많이 발견되는 연꽃, 파피루스, 직선 모양 등이 사원 벽에 세겨져 있음

• 〈덴두르 사원〉*

7. 휘트니 미술관

미국 현대 미술 작품을 중심으로 한 미술관

1. 개요

- ▣ Whitney Museum of American Art. 맨해튼에 위치한 현대 미술 박물관으로 미국 현대 미술 작품의 수집, 보존, 전시를 위해 1930년 저명한 조각가이자 미술 후원자인 게르트루드 밴더빌트 휘트니(Gertrude Vanderbilt Whitney)에 의해 설립되었으며 그의 이름을 따서 명명되었음
- ▣ 19세기 후반부터 현재까지 약 2만 5,000점 이상의 그림, 조각, 사진, 비디오, 설치미술 등의 작품을 소장하고 있는 휘트니 미술관은 미국 현대 미술의 발전과 보존에 중요한 역할을 하고 있으며 2년마다 미국 미술계에 새로 등장한 덜 알려진 많은 예술가들의 작품을 전시하며 미국 현대 미술의 최신 동향을 소개하는 국제 미술 전시회인 휘트니 비엔날레를 개최하고 있음
- ▣ 주요 소장 작가로는 에드워드 호퍼, 조지아 오키프, 앤디 워홀 등이 있음.
- ▣ 이탈리아의 유명 건축가 렌초 피아노가 설계했는데 대형 유리 창문과 넓은 허드슨강을 바라볼 수 있는 야외 전시 공간으로 개방적이고도 아름다운 전망을 제공함

• 휘트니 미술관 외관*

2. 뉴욕의 사실주의 화가 에드워드 호퍼와의 관계

▣ 에드워드 호퍼(Edward Hopper)는 20세기 미국을 대표하는 사실주의 화가 중 하나로 휘트니 미술관은 그의 작품을 다수 소장하고 있으며 호퍼의 대표작인 〈나이트호크스(Nighthawks)〉와 〈얼리 선데이 모닝(Early Sunday Morning)〉을 포함한 유화, 수채화, 드로잉 등 다양한 컬렉션을 전시하고 있음

▣ 에드워드 호퍼 사후 그의 아내 조세핀 호퍼는 3,000개가 넘는 작품을 기증했으며 휘트니 미술관은 호퍼의 작품을 주제로 한 여러 주요 전시회를 개최하면서 그의 작품을 대중에게 알리고, 그의 예술적 유산을 보존하는 데 중요한 역할을 하고 있음

▣ 휘트니 미술관은 에드워드 호퍼의 작품과 그의 예술적 영향에 대한 연구를 지속적으로 지원하고 있으며 호퍼의 작품을 통해 미국 현대 미술의 다양한 면모를 탐구하고 있음

• 에드워드 호퍼, 〈나이트호크스〉, 1942*

• 에드워드 호퍼, 〈얼리 선데이 모닝〉, 1930*

8. 타임스 스퀘어

세계 엔터테인먼트 산업의 중심지

▣ Times Square. 웨스트 42번 스트리트와 7번 애비뉴, 그리고 브로드웨이가 만나는 삼각지대

▣ 타임스 스퀘어 빌딩은 1903년 〈뉴욕 타임스〉가 이 건물을 매입하여 1904년 완공하였으며 뉴욕 타임스의 건물 이름을 따서 타임스 스퀘어라고 지칭했으며 한때 리먼브라더스가 소유하기도 했음

▣ 세계의 관광객들이 가장 많이 방문한 명소로 매일 약 300만 명이 방문함

• 타임스 스퀘어 전경

- 세계 엔터테인먼트 산업의 중심지로 '세계의 교차로', '우주의 주심', '불야성의 거리'라는 별명으로 알려짐
- 타임스 스퀘어의 북쪽은 브로드웨이로 이어짐
- 1970, 80년대에는 범죄의 소굴이었으나 당시 뉴욕주와 시 당국의 재개발을 통하여 현재와 같이 새로운 공연장, 호텔 등 엔터테인먼트 산업이 들어옴
- 특히 1995년 1,140만 달러가 투입된 청소년 전용극장 뉴 빅토리 극장의 개장으로 주변의 150개 이상의 퇴폐적 업소와 상점들이 문을 닫는 계기가 됨

• 타임스 스퀘어 옥외광고

9. 브로드웨이 극장

미국 공연 문화의 대명사

- ▣ Broadway Theatre. 브로드웨이(Broadway)는 타임스 스퀘어 북쪽을 통해 바로 이어지는 길로 헐리우드 영화 산업 이전 19세기 중반부터 연예 산업의 중심지
- ▣ 500석 이상의 좌석을 갖춘 40개의 대형 연극 극장들이 몰려 있으며 대표 음악홀인 카네키 홀이 자리 잡고 있음
- ▣ 영어권 국가에서는 런던의 웨스트엔드 연극과 더불어 브로드웨이 연극을 상업 연극의 가장 높은 단계로 평가함
- ▣ 하루에 2만 명이 넘는 관객들이 모여들며 1892년 브로드웨이에 극장이 처음 들어섰으나 브로드웨이 연극이 이름을 알린 것은 1920년대부터임
- ▣ 브로드웨이의 무대에 올려지는 작품 중 실험성이 강하고 소규모 및 관객들과 좀 더 가까이서 호흡하는 작품을 '오프-브로드웨이(Off-Broadway)'라 불리는데, 오프 브로드웨이로 시작하여 정식 브로드웨이 작품으로 올린 작품들이 많으며 〈시카고(Chicago)〉가 대표적인 작품임
- ▣ 브로드웨이에서 성공을 거둔 작품들은 '버스 앤드 트럭(Bus and Truck)' 투어에 오르는데, 이는 버스에 배우들이, 트럭에는 무대장치나 설비가 실려 공연을 하기 때문이며 버스 앤드 트럭 투어는 미국의 전역을 대상으로 이루어짐

• 브로드웨이 공연장

• 브로드웨이 대로

• 브로드웨이 극장 지구

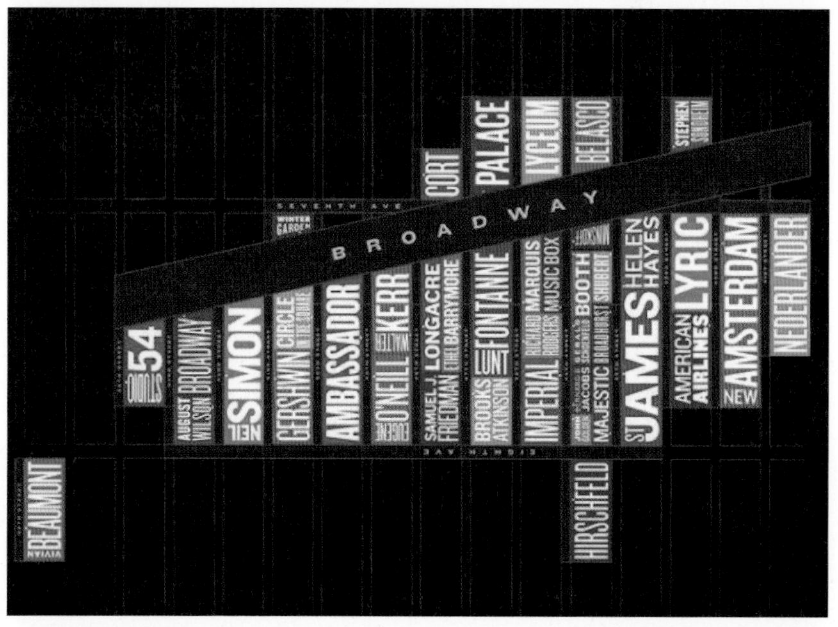

• 브로드웨이 극장가 지도

출처: www.theproducersperspective.com

10. 브로드웨이 박물관

브로드웨이의 역사적인 순간들을 담은 박물관

- ▣ Museum of Broadway. 타임스 스퀘어 145 웨스트 45번 스트리트에 위치해 있으며, 브로드웨이의 풍부한 역사를 기념하는 체험형 박물관으로, 수백 가지의 희귀한 의상, 소품, 유물을 살펴볼 수 있는 세계 유일의 공간임
- ▣ 1732년 뉴욕에서 처음으로 기록된 공연을 시작으로 브로드웨이의 역사를 살펴볼 수 있으며, 세계적으로 유명한 예술가, 디자이너, 연극 역사가들이 디자인하여 창의적인 한계를 뛰어넘고, 사회적 규범에 도전하고, 뒤따를 사람들을 위한 길을 닦은 브로드웨이 역사의 획기적인 순간을 기념하는 전시물을 감상할 수 있음
- ▣ 브로드웨이의 탄생부터 현재까지를 알 수 있는 타임라인과 브로드웨이 쇼 제작을 직접 체험해 볼 수 있는 공간, 다양한 특별 전시, 1층에 위치한 리허설 스튜디오, 브로드웨이 브랜드 상품 및 박물관 독점 상품을 구매할 수 있는 선물 가게 등 다양한 전시 및 체험 공간으로 방문객들에게 브로드웨이의 역사와 영향력을 이해할 수 있는 기회를 제공해 줌

• 브로드웨이 박물관 외관

출처: www.themuseumofbroadway.com

• 브로드웨이 박물관 실내 전시품

출처: www.themuseumofbroadway.com

11. 유엔 본부

국제 연합 기구의 공식 본부

▣ United Nations Headquarter. 유엔의 공식 본부이며, 총회와 안전보장이사회 같은 주요 기관이 소재함

▣ 유엔 본부는 치외법권 지위를 가지고 있으며 국제적 영토로 지정되어 있음

▣ 39층 오피스 빌딩이며 회의장은 이스트 강변에 위치함

▣ 각국의 대표적인 건축가 10명으로 구성된 건축위원회에 의해서 설계되었으며 르코르뷔지에의 스케치 플랜을 기본으로 하여 1950년에 완공됨

▣ 국제연합이 창설되었을 때, 영국 및 프랑스 등이 유럽에 설치할 것을 희망했으나 당시 소련과 중국의 반대로 인해 미국에 설치함

▣ 건물은 총회 빌딩과 회의장 빌딩, 사무동, 함마르셸드 도서관 총 4개로 구성되어 있으며 건물 주위에는 193개의 회원국 국기가 걸려 있음. 각 깃발 간의 간격은 정확히 같은 간격으로 나열되어 있으며 이는 유엔 국가 간의 평등을 상징함

▣ 유엔 본부 투어가 가능하며 유엔 홈페이지에서 자신이 원하는 언어로 투어 신청이 가능함

• 유엔 본부 외관

출처: www.shutterstock.com

12. 플랫아이언 빌딩

다리미 모양의 뉴욕 최초 마천루

▣ Flatiron Building. 일직선으로 지나가는 5번 애비뉴와 대각선으로 지나는 브로드웨이, 23번 스트리트가 만나는 삼각형 형태의 공간에 위치한 건물

▣ 1902년에 완공된 뉴욕 최초의 철골 구조를 가진 마천루

▣ 공식 이름은 풀러 빌딩(Fuller Building)이지만 플랫아이언이란 별칭이 붙은 이유는 건물 모양이 다리미 모양으로 생겼기 때문임

▣ 다니엘 H. 번햄(Daniel Burnham)이 설계하였으며 보자르 건축 양식이며 총 87m, 22층 높이로 1909년까지 뉴욕에서 가장 높은 빌딩이었음

• 플랫아이언 빌딩 외관 출처: www.shutterstock.com

13. 쿠퍼 유니언

세계적 디자인 미술학교

- Cooper Union. 증기기관차와 철로를 만든 기업가 '피터 쿠퍼(Peter Cooper)'가 설립한 대학교로 2014년까지는 모든 학생에게 전액 무료 교육을 실시했으나 현재는 전교생 모두에게 반액 장학금으로 바뀜
- 별칭으로 '뉴욕에서 가장 재미있고 쿨한 대학교'라 불림
- 1859년에 설립되었으며 건축, 미술, 공학의 3가지 전공만 개설되어 있으나 모두 상위권 수준이며 특히 건축대는 매년 30명 안팎으로 뽑으며 미국 최고 수준으로 손꼽힘
- 반액 장학금을 할 수 있는 이유 중 하나는 뉴욕의 대표적인 건물인 크라이슬러 빌딩(Chrysler Building)을 포함하여 다수의 부동산을 소유하고 있으며 부동산을 운영하면서 나오는 임대료 수입과 대학 자산의 이자 수익으로 대학을 운영하기 때문
- 발명왕으로 잘 알려진 토머스 에디슨(Thomas Edison), 1933년 노벨 물리학상을 수상한 러셀 헐스(Russell Hulse), 해체주의 건축가 다니엘 리베스킨트(Daniel Libeskind) 등이 이 학교 출신

• 쿠퍼 유니언 외관

14. 리틀 이탈리아

뉴욕 속의 작은 이탈리아

- Little Italy. 이탈리아 정착민들의 집단 거주 지역으로 차이나 타운과 같은 맥락
- 유럽의 분위기를 느낄 수 있어 뉴욕 사람들과 관광객들이 자주 방문함
- 매년 9월에 이탈리아의 성인인 '젠나로(Gennaro)'를 추모하는 거리 축제가 열림
- 1880년 이탈리아 이민자가 다수 유입되면서 하나의 마을이 형성됨
- 리틀 이탈리아는 소설 《대부》와 영화 〈대부〉에서 묘사된 콜레오네의 소재지였으며 1973년 마틴 스콜세지의 영화 〈비열한 거리(Mean Streets)〉의 배경이 되었음

• 리틀 이탈리아 전경

15. 차이나 타운

미국에 위치한 가장 큰 차이나 타운

▣ China Town. 맨해튼 남쪽에 위치하고 있으며 차이나 타운 가운데 가장 규모가 큼

▣ 차이나 타운 중심지인 커낼 스트리트(Canal St)가 가장 번화가이며 중국풍의 간판과 가게가 특징으로 중국 특유의 분위기를 느낄 수 있음

▣ 19세기 중반 대륙 횡단 철도 공사 당시 노동자로 건너온 중국인들이 모여 형성되었으며 20세기 초까지는 통스(Tong) 단체 간의 싸움으로 인하여 차이나 타운이 있는 거리는 '블러디 앵글(Bloody Angle)'이라 불릴 정도로 위험했음

▣ 차이나 타운에서 활동한 상인들이 여러 명 뭉쳐 건물을 사고 이후 옆의 건물을 사는 형식으로 특유의 집단의식을 통해 현재 차이나 타운의 상권과 경계선이 만들어졌으며 중국 음식 레스토랑과 전통시장 및 수많은 노점상을 볼 수 있음

• 뉴욕 차이나 타운 전경*

16. 파이낸셜 디스트릭트

금융의 심장부

▣ Financial District. 뉴욕의 가장 중요한 금융회사들의 본사가 있는 곳으로 특히 월 스트리트(Wall Street)는 미국의 금융계를 상징함

▣ 뉴욕 증권거래소 소재지이며 뉴욕 증권거래소는 1792년 시작된 뉴욕증시에서 가장 큰 주식거래 시장으로 미국뿐 아니라 세계에서도 최대 규모를 자랑함

• 파이낸셜 디스트릭트 거리

출처: thenextweb.com

▣ 월 스트리트의 상징으로도 알려진 〈돌진하는 황소(Charging Bull)〉는 사실 게릴라 아트로서 공공장소에 기습적으로 설치된 동상으로 아르투로 디 모디카(Arturo Di Modica)가 1987년 주식 대폭락 이후 1989년 크리스마스 때 뉴욕 증권거래소 앞에 설치함

▣ 주식시장이 상승세를 탈 때 황소가 뿔을 들고 위를 보는 것과 비슷하다고 하여 '황소 마켓(Bull Market)'이라고 하는데, 주식의 호황을 기대한 작품임

▣ 근처에는 트리니티 교회, 연방준비제도이사회(FRB) 건물 등 다양한 금융 및 투어 장소들이 많음

• 〈돌진하는 황소〉*

17. 브루클린 브리지

100년이 지나도 건재한 19세기 건축술의 정수

▣ Brooklyn Bridge. 전체 길이는 1,825m이고 중간 현수교 부분은 486m. 1883년 개통했을 당시에는 세계에서 가장 긴 현수교로, 하늘 높이 솟은 고딕 양식의 84m인 석재탑은 독특한 실루엣의 백미를 보여 줌

▣ 독일 이민자 출신 존 로블링(John Roebing)은 당시에 필요했던 것보다 여섯 배나 더 튼튼하게 다리를 설계하여 100년도 훨씬 지난 지금도 하루 15만 대 이상 엄청난 교통량을 지탱해 나갈 수 있음

▣ 아래층은 6차선 도로이며 위층은 인도와 자전거 도로로 만들어졌으며 두 개의 층으로 나누어 통행 도로를 만든 점도 뛰어난 점임

▣ 존 로블링은 프로젝트를 맡은 지 얼마 되지 않아 건설 도중 사망하는데 작업 현장 감독 중 배에서 다리를 짓이기는 상처를 입어 이 파상풍이 합병증으로 커져 다리 절단이라는 수술을 받았지만 얼마 후 결국 사망

▣ 그의 아들 워싱턴 로블링(Washington Roebling)이 아버지의 일을 이어받음. 그는 다리의 토대 부분의 굴착 상태를 감독하기 위해 특별히 디자인한 장비 안에 들어가 물 밑 깊은 곳에서 일하다가 케이슨병(잠수병)을 얻게 됨. 작업을 시작한 지 얼마 되지 않은 시기

▣ 14년간의 건설 기간 중 결국 13년간은 아내 에밀리가 현장에서 엔지니어와 인부들을 감독하며 진두 지휘함. 에밀리는 로블링의 다리와 눈이 되어 일함. 브루클린 브리지는 가문을 이어 온 한 가족의 헌신과 투혼으로 만들어진 대작으로 유명

▣ 매년 7월 4일 독립기념일을 기념하는 불꽃놀이가 이 다리에서 열리며 많은 관광객 및 인파들이 몰림

• 브루클린 브리지 석재탑

• 브루클린 브리지 상판

18. 플라자 호텔

뉴욕에 위치한 5성급 최고급 호텔

- ▣ Plaza Hotel. 세계적인 최고급 호텔로, 위치, 가격, 외부 및 내부의 인테리어 등 모든 면에서 전세계 어느 곳과의 호텔과 비교해도 손색이 없음
- ▣ 1907년 건설되었으며 프랑스 르네상스 형식이 특징이며 호텔 앞에는 넓은 광장이 있는데 이는 예전 미국의 남북전쟁 당시 군대의 주둔지로 활용됨
- ▣ 개장 당시 호텔 룸 숙박 이용료는 2.5달러로 당시 생활 물가를 감안하였을 때 100만 원가량의 고급 호텔
- ▣ 1969년 뉴욕시는 플라자 호텔을 국가 역사 보존 건물로 지정하였음
- ▣ 조세핀 베이커, 말렌 디트리히, 앤디 윌리암스, 페티 페이지 및 페기 리 등의 가수들이 행사를 진행했고 1964년 비틀즈도 미국 뉴욕 방문 당시 이 호텔에서 체류함
- ▣ 미국의 도널드 트럼프 대통령이 두 번째 부인인 말라 메일플과 1,500명의 하객들과 함께 결혼식을 올린 곳으로 유명함
- ▣ 영화 〈나홀로 집에 2〉 촬영지로 유명하며 1985년 9월 22일 주요 5개국(G5) 재무장관들이 이 호텔에서 환율에 관한 합의를 진행하였는데 이때 진행한 합의의 이름을 회담 장소를 따 플라자 합의라고 명명함

• 플라자 호텔*

19. 소호

트렌디한 쇼핑 명소

▣ Soho. 스프링 스트리트(Spring St.)에서 프린스 스트리트(Prince St.)까지는 마크 제이콥스(Marc Jacobs), 안나 수이(Anna Sui) 등의 젊은 쇼핑객들이 열광하는 디자이너들의 매장들이 있으며 '소호(Soho)'라는 이름은 'South of Houston'에서 유래함.

▣ 전 세계의 모든 패션 브랜드 매장이 대부분 입점해 있으며 뉴욕 사람들의 주말 나들이 지역 중 가장 사랑받는 지역으로 브런치 타임과 갤러리 감상 등의 여가생활을 즐김

▣ 19세기 말 대규모의 섬유 산업이 발달했기에 현재까지 당시 산업 건축물이 남아 있으며 1960년대부터 부티크와 갤러리, 레스토랑 등의 등장으로 현재의 지역이 만들어짐

▣ 캐스트 아이언(Cast Iron) 역사 지구가 있으며 이곳은 캐스트 아이언 형식으로 지어진 500개 이상 건물들의 밀집 지역으로 통일적인 모습을 보임

※ 캐스트 아이언 공법

- 주철을 이용하여 당시 건축 기간이 가장 짧고 건축가가 원하는 형태의 건물을 지을 수 있다는 장점이 있었으며 1850년대에는 가장 경제적인 건축법이었음

• 소호 거리 출처: ny.koreatimes.com

• 소호 거리

▣ 1812년 영국과의 전쟁 이후 뉴욕에서 건설 붐이 일어났는데 건물을 짓던 많은 재력가들이 르네상스 형식을 선호했으며 캐스트 아이언 공법을 이용하여 건축한 결과 현재 소호 지역에서 비슷한 건물 형태의 캐스트 아이언 건물들을 볼 수 있음

• 캐스트 아이언 건물 외관*

20. 할렘

아프리카계 미국인의 역사와 풍부한 문화가 깃든 곳

1. 개요

▣ Harlem. 맨해튼 북부에 위치해 있으며 센트럴파크 북쪽 116번 스트리트에서 155번 스트리트에 걸쳐 있는 미국 최대의 흑인 거주구로 1658년 네덜란드 식민지 시절, 네덜란드의 도시 하들렘을 따서 명명됐으며 초기에는 '뉴할렘(Nieuw Haarlem)'라 불렸음

▣ 할렘은 아프리카계 미국인들의 문화적 중심지 중 하나로, 아폴로 극장(Apollo Theater), 스튜디오 뮤지엄(Studio Museum), 할렘 커뮤니티 컬처럴 센터(Harlem Community Cultural Center) 등 많은 역사적 랜드마크와 문화적 장소들이 위치해 있으며 할렘의 풍부한 문화유산을 잘 보존하고 있음

• 할렘의 거리*

2. 역사

▣ 19세기 초반에는 주로 유대인과 이탈리아계 미국인이 거주했으나 19세기 후반부터 20세기 초반까지 아프리카계 미국인들이 더 나은 생활 환경과 경제적 기회를 찾아 남부에서 북부 도시로 대규모로 이동했는데 할렘은 이 대이동의 주요 목적지 중 하나였고 이때 할렘 내 인구 구성이 급격하게 변화하며 흑인 공동체를 형성했음

▣ 대이동 이후 1920년대부터 1930년대는 할렘 르네상스라고 불리며, 할렘의 황금기로 아프리카계 미국인의 지적 및 문화적 부흥기였으며 다양한 예술가, 음악가, 작가들이 모여들어 모든 예술 분야에서 혁신을 이루어 냈는데 주요 인물로는 듀크 엘링턴(Duke Ellington), 랭스턴 휴스(Langston Hughes), 조라 닐 허스턴(Zora Neale Hurston) 등이 활동했고 이들은 할렘을 문화적 중심지로 개척했음

▣ 1930년대 대공황으로 인해 할렘 주민의 25%가 실업 상태에 있었고 2차 세계대전 이후에는 할렘 전체가 큰 경제적 어려움을 겪게 되면서 1950년대 후반과

• 아프리카계 미국인들의 문화적 중심지 아폴로 극장

1960년대에 빈곤과 범죄가 증가하며 지역사회가 크게 흔들리게 되었으나 동시에 마틴 루터 킹 주니어, 말콤 엑스와 같은 인물들이 할렘에서 연설하고 활동하면서 시민권 운동의 중심지로 부상했음

▣ 1970년대부터 1980년대에 정부의 적극적인 지원 사업과 도시 재개발 프로젝트로 할렘의 많은 부분이 복구되었으며 1990년대 이후에는 부동산 가치가 상승하며 점차 경제적 부흥을 이루었고, 현재는 다양한 문화가 공존하며 어우러진 문화적 행사가 열리는 지역으로 현대적인 발전을 이루고 있음

• 할렘의 도시 개발 거리 풍경

21. 뉴욕 주요 백화점 및 주요 쇼핑 센터

백화점, 아울렛을 아우르는 유통 명소

▣ 백화점

매장명	특징	위치
Barneys New York	- 뉴욕 패션을 이끌어 가는 브랜드가 집대성된 백화점	660 Madison Ave.
Bergdorf Goodman	- 뉴욕 최상류층이 애용하는 백화점으로 5번 애비뉴 초입 위치	754 5th Ave.
Henri Bendel	- 드라마, 영화 등에 자주 등장하는 - 작지만 뉴욕을 대표하는 백화점	712 5th Ave.
Macy's	- 미국의 대중적인 백화점으로 저가, 중가 브랜드 다수 입점 - 뉴욕 매장은 전 세계 백화점 중 가장 큰 매장으로 유명	151 w. 34th St.
Bloomingdales	- 미국의 인기 백화점으로 검증된 브랜드만 입점시키는 것으로 유명	540 Broadway

▣ 아웃렛(할인매장)

매장명	특징	위치
T. J. Maxx	- 뉴요커가 가장 많이 이용하고 추천하는 할인매장	620 6th Ave.
Century 21	- 뉴욕 여행자 중 절반은 당 매장 쇼핑백을 들고 다닌다는 유명 할인점	22nd Cortlandt St.
Woodbury Outlet	- 맨해튼에서 1시간 10분 정도 거리에 있는 뉴욕 근교 최고 인기 아웃렛	498 Red Apple Court Central Valley

▣ 럭셔리의 진수, 5번 애비뉴 매장

- 59번 스트리트에서 40번 스트리트까지 5번 애비뉴는 뉴욕 쇼핑의 1번지
- 루이 뷔통(Louis Vuitton), 불가리(Bulgari), 미키모토(Mikimoto), 프라다(Prada), 아르마니(Armani), 세인트 존(St. John) 등 세계 최고의 명품 매장 위치

• 5번 애비뉴 매장 전경

• 5번 애비뉴 쇼핑 거리

• 5번 애비뉴 쇼핑 거리 건물

22. 프라다 뉴욕 브로드웨이

쇼핑과 예술, 디자인 및 패션이 집결된 공간

▣ Prada New York Broadway. 맨해튼의 소호 지역에 위치해 있으며, 이탈리아 럭셔리 패션 브랜드 프라다(Prada)의 플래그십 스토어 중 하나로 이전 구겐하임 미술관의 소호 분관을 유명 건축가 렘 콜하스(Rem Koolhaas)가 혁신적이고 현대적인 디자인으로 개조했음

▣ 프라다 브로드웨이 매장의 '더 웨이브(The Wave)'는 1층 바닥을 곡선 형태로 파내어 지하층과 연결시키는 인테리어 요소로, 한쪽 경사면에는 계단이 있어 신발과 액세서리를 전시할 수 있으며 이 계단은 좌석 공간으로도 사용할 수 있고, 맞은편에는 무대가 위치해 있어 영화 상영, 공연, 강연 등을 감상할 수 있음

• 더 웨이브 출처: www.prada.com

▣ 미니멀리즘과 미래지향적인 디자인 요소를 결합한 매장 내부 인테리어는 버튼을 누르면 탈의실의 유리문을 불투명하게 만들 수 있으며, 비디오 프로젝션을 통해 다양한 각도에서 새 옷을 볼 수 있는 등 최신 기술로 고객에게 풍부한 쇼핑 경험을 제공함

▣ 시즌마다 내부 인테리어에 변화를 주는 프라다 뉴욕 브로드웨이는 브랜드의 철학과 현대적인 디자인 감각을 반영하여 콘셉트를 선정하며, 2020년에는 '조선민주주의인민공화국'을 주제로 혁신적이고도 창의적인 인테리어를 전시했음

▣ 프라다 뉴욕 브로드웨이는 단순히 쇼핑을 위한 공간이 아닌 예술과 디자인, 패션을 경험할 수 있는 관광 명소로서 많은 방문객들에게 사랑받고 있음

• 프라다 뉴욕 브로드웨이 내부 전경 출처: www.prada.com

23. 뉴욕 대학교·컬럼비아 대학교

뉴욕의 대표적인 대학교들

1. 뉴욕 대학교(New York University)

▣ 사립 연구 중심 대학으로 1831년 세워졌으며 맨해튼과 브루클린 사이에 171동 이상의 건물들이 있음

▣ 2019년 3월 기준 노벨상 수상자 37명, 튜링상 수상자 8명, 필즈상 수상자 5명, 퓰리처상 수상자 30명 이상 등 다양한 분야에서 인재를 배출해냄

▣ 2019년 'QS 세계 대학 랭킹'에서 미국 대학 내 17위를 기록하고 '세계 대학 학술 랭킹'에서 22위를 기록함

▣ 1831년 4월 18일 상인, 금융인 등 다양한 뉴욕의 재력가들로 지원을 받아 교육기관이 만들어졌으며 초대 총장은 앨버트 갤러틴(Albert Gallatin)이 선출됨

▣ 대학교의 첫 이름은 뉴욕시 대학교(University of the City of New York)였으나 1896년 공식적으로 뉴욕 대학교(New York University)로 바꿈

• 뉴욕 대학교 외관*

2. 컬럼비아 대학교(Columbia University)

▣ 아이비리그 사립 대학으로 1754년 영국왕 조지 2세에 의해 킹스 칼리지(King's College)로 설립되었으며 하버드, 윌리엄 앤 메리, 예일, 프린스턴 대학교 다음으로 미국에서 오래된 고등교육기관

▣ 하버드 대학교 다음으로 세계에서 두 번째로 많은 노벨상 수상자 101명을 배출

▣ 'QS 세계 대학 랭킹'에서 18위를 차지했고 '세계 대학 학술 랭킹'에서는 6위를 차지했으며 영문학, 역사학, 경제학, 정치학 등의 분야에서 최상위권으로 인정됨

• 컬럼비아 대학교 전경

• 컬럼비아 대학 전경

출처: outreach.engineering.columbia.edu

24. 세인트 패트릭 성당

뉴욕에 위치한 네오고딕 양식의 로마 가톨릭 대성당

- ▣ St. Patrik's Cathedral. 1878년 완공된 대성당으로 1927~31년 재정비되고 이 때 성당 내부에 거대한 파이프 오르간이 설치되었음
- ▣ 세인트 페트릭 대성당과 주변 건물들이 1976년 미국의 국립 사적지로 지정되었으며 1808년 신설된 뉴욕 교구가 1850년 7월 19일 교황 비오 9세에 의해 대교구로 승격되면서 대성당을 짓기 위한 논의가 시작됨
- ▣ 현재 위치한 자리는 1799년 세금 미납으로 뉴욕시 의회가 경매에 붙였던 토지로서 1828년 프랜시스 쿠퍼가 매입하였으나 이를 뉴욕의 세인트 피터 성당 측에 양도하였음

• 성 패트릭 성당 출처: saintpatrickscathedral.org

25. 메디슨 스퀘어 가든

세계에서 가장 유명한 경기장

▣ Madison Square Garden. 현재 NBA 뉴욕 닉스와 NHL 뉴욕 레인저스의 홈 경기장으로 사용되고 있으며 프로레슬링의 성지라고 불렸고 대표적으로 'WWE 레슬매니아 1'이 이 경기장에서 개최되었음

▣ 1879년 처음으로 개장했으며 당시에는 롤링스톤과 빌보드 등 다양한 라이브 스포츠와 엔터테인먼트를 운영했음

• 메디슨 스퀘어 가든 외관

▣ 스포츠 중 복싱계에서는 라스베이거스에 위치한 MGM 그랜드 가든 아레나와 함께 미국의 양대 복싱 성지로 손꼽히고 동시에 NBA에서는 농구의 성지로 여겨짐

▣ 엘비스 프레슬리, 존 레논, 밥 딜런 등 다양한 예술가들이 활동했으며 2013년 10월 리모델링을 통하여 최첨단 시스템이 도입됨

• 메디슨 스퀘어 가든에서 열리는 뉴욕 닉스의 NBA 경기

26. 컬럼버스 서클

도로 중심에 위치한 컬럼버스 기념물

- ▣ Columbus Circle. 어퍼 웨스트 사이드에 있는 원형 광장이며 광장 중심에 컬럼버스 동상이 있음. 동상 아래에는 컬럼버스가 승선했던 니나호, 핀타호, 산타마리아호 뱃머리가 조각되어 있음
- ▣ 주변에는 MAD(Museum of Arts and Design), CNN 건물, 트럼프 인터내셔널 건물, 타임 워너 센터 등이 있음
- ▣ 1892년 컬럼버스의 아메리카 대륙 상륙 400주년을 기념한 기념물로 만들어졌으며 이탈리아 기업인들이 동상 건설에 필요한 2만 달러 중 1만 2,000달러를 기부함

• 컬럼버스 서클 전경*

27. 그랜드 센트럴 터미널

전 세계에서 가장 큰 역

▣ Grand Central Terminal. 전 세계에서 승강장 숫자만으로 가장 큰 역으로 44면 67선으로 구성되어 있음. 롱아일랜드 철도가 이 역에 들어오고 나면 48면 75선으로 확장되며 매년 1억 명의 사람들이 이 역을 이용함

▣ 〈나는 전설이다〉, 〈맨 인 블랙〉 등 뉴욕을 배경으로 하는 다양한 영화에 많이 등장하며 과거 철거에 대하여 시민들의 항의와 대법원의 보존 판결로 무사히 보존되었음

▣ 독특한 건축물과 인테리어 디자인으로 국립 역사 랜드마크(National Historic Landmark)로 지정되었으며 세계에서 가장 많이 방문한 10개의 관광 명소 중 하나로 꼽힘

• 그랜드 센트럴 터미널

• 그랜드 센트럴 터미널 외관 출처: grandcentralterminal.com

• 그랜드 센트럴 터미널 메인 플로어 지도 출처: grandcentralterminal.com

28. 뉴욕 공립 도서관

뉴욕시의 지식의 보고

- ▣ New York Public Library. 1895년 설립되었으며 현재 3개의 중앙 도서관과 88개의 크고 작은 지점 도서관으로 이루어져 있으며, 맨해튼, 브롱스, 스태튼 아일랜드 등 여러 곳에 분포해 있음
- ▣ 2018년 기준 1,680만 명이 이용하였으며 도서관이 소장한 자료는 4,680만 개, 컴퓨터 및 사용가능 기계 관련 890만 개임
- ▣ 다양한 교육 프로그램들을 운영하고 있으며 영어권 원어민이 아닌 사람들을 위한 영어 교육 프로그램은 1만 5,500개 이상의 수업이 이루어지며 컴퓨팅 기술 수업은 100개 이상의 수업 및 11만 8,000명 이상이 참석함
- ▣ 19세기 뉴욕에 애스터 도서관과 레녹스 도서관이 있었으며 1886년 뉴욕 주지사 새뮤얼 J. 틸던(Samuel Jones Tilden)이 두 도서관을 통합하는 것을 제안하였으며 이후 본관 앞의 두 개의 사자상에 애스터와 레녹스라는 이름이 붙음
- ▣ 명칭은 뉴욕 공립 도서관이지만 실제 설립 주체는 뉴욕시가 아닌 독립 법인으로 재정은 민간 기부로 이루어져 운영되고 있음

• 뉴욕 공립 도서관*

29. 카네기 홀

뉴욕에서 가장 유명한 콘서트장

- ▣ Carnegie Hall. 1891년 개장하였으며 클래식, 대중음악 등을 포함해 4만 6,000명 이상이 공연을 함
- ▣ 건물은 3개의 홀로 이루어져 있으며 그 중 가장 메인홀인 '아이작 스턴 오디토리움·로날드 O. 패럴만 스테이지'는 2,800명을 수용할 수 있음
- ▣ 차이코프스키, 라흐마니노프, 파바로티 등 유명한 클래식계의 거장과 비틀스, 롤링 스톤즈 등 다양한 팝스타들 또한 공연했음
- ▣ 로즈 뮤지엄은 수잔 앤드 엘리후 로즈(Susan and Elihu Rose) 재단에서 투자하여 1991년 개장한 곳으로 카네기홀의 연대기와 뮤지컬, 포스터, 사진 등을 전시하고 있음
- ▣ 과거 카네기 부부가 여행에서 만난 월터 담로시(Walter Damrosch)와의 인연으로 담로시에게 뉴욕에 콘서트홀을 지어 주겠다는 약속을 했으며 1889년 '뮤직 홀 컴퍼니 오브 뉴욕(Music Hall Company of New York)'이라는 주식회사를 설립한 후 200만 달러를 투자함
- ▣ 철근을 쓰지 않고 석재로만 지어졌으며 건물 벽체가 매우 두꺼워 카네기홀의 뛰어난 음향에 기여하고 있음

• 카네기 홀 외관*

• Stern Auditorium

출처: carnegiehall.org

30. 프릭 컬렉션

20세기 저택을 미술관 갤러리로

▣ The Frick Collection. 사업가 헨리 클레이 프릭의 저택으로 사용되었던 곳으로 1935년 12월에 박물관으로 개장하여 회화, 조각, 엔티크 가구, 도자기 등 다양한 유럽의 고급 예술품을 전시하고 있음

▣ 16개의 상설 갤러리를 가지고 있으며 동시에 특별전을 개최함

▣ 다른 특징으로 헨리 클레이 프릭의 저택을 확장하여 재사용한 만큼 이전 20세기 초의 모습을 담고 있는 방들이 존재하여 20세기의 삶을 볼 수 있음

• 프릭 컬렉션*

▣ 〈렘브란트 자화상〉, 〈토머스 모어 경 초상화〉, 〈여주인과 하녀〉 등 다양한 작품을 다수 보유하고 있음

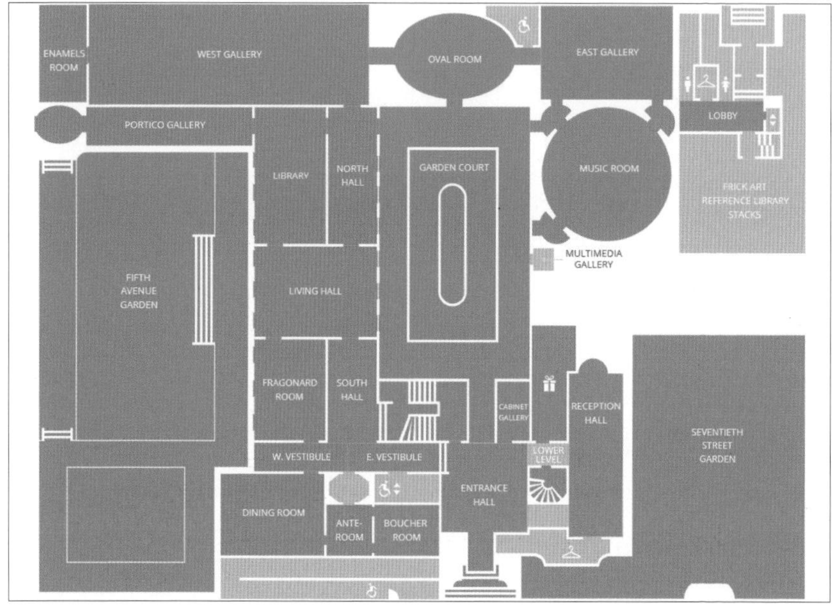

• 프릭 컬렉션 지도 출처: frick.org

• 〈토마스 무어 초상화〉(왼쪽), 〈여인과 하녀〉(오른쪽)*

31. 노호

소호와 함께 떠오르는 핫플레이스

▣ Noho. 소호(Soho)의 지리상 오른쪽 및 맨해튼 남부 중앙에 위치하여 다른 구역인 이스트 빌리지, 첼시 등 다양한 지역으로 이동이 쉬움

▣ 소호(Soho)와 함께 개인 패션 샵, 레스토랑, 카페, 호텔 등 다양한 문화생활 및 여건을 보낼 수 있는 장소

▣ 노호에는 2곳의 역사 지구가 있으며 가장 오래된 역사 지구는 1999년 지정되어 2008년에 확장되었으며, 노호 이스트(Noho East) 역사 지구는 2003년에 설립되었고 대부분 지정된 건물은 19~20세기의 건물들임

▣ 노호 역사 지구의 경우 1850년대 초부터 1910년대까지 당시 도시의 상업이 발달했던 시기에 19세기 초 주택, 기관 건물, 20세기 초반의 사무실, 상업용 건물들 약 125개가 역사 지구에 속해 있음

• 노호 거리*

32. 시티 필드·양키 스타디움

풍부한 문화적 요소와 깊은 역사를 가진 야구 경기장들

1. 시티필드

- ▣ Citi Field. 뉴욕시 퀸스 자치구에 위치한 야구 경기장으로, 약 4만 1,922명을 수용할 수 있음. 메이저 리그 베이스볼(MLB) 팀인 뉴욕 메츠가 홈구장으로 사용하고 있으며 2009년 개장했음
- ▣ 시티 필드의 외관과 전반적인 디자인은 건축 회사 포퓰러스가 설계했으며 브루클린 다저스의 옛 홈구장인 에벳츠 필드에서 영감을 받았고, 벽돌로 된 외벽과 아치형 창문은 클래식한 느낌을 주면서도 현대적 요소와도 조화를 이루고 있음
- ▣ 시티 필드에는 경기장 입구에 위치한 전설적인 야구 선수인 잭키 로빈스를 기념하는 로툰다와 메츠 소속 선수가 홈런을 칠 때마다 올라오는 큰 사과 모양 기계인 홈런 애플, 센터 필드 너머 가족 단위의 관람객들을 위한 인터랙티브 게임, 미니 야구장 등의 팬 페스트 구역과 레스토랑 및 다양한 먹거리가 갖춰져 있음

• 시티 필드 전경*

2. 양키 스타디움

- Yankee Stadium. 뉴욕시 브롱크스 자치구에 위치한 야구 경기장으로, 약 4만 7,309명을 수용할 수 있음. 메이저 리그 베이스볼 팀인 뉴욕 양키스가 홈구장으로 사용하고 있으며 2009년 개장했음
- 1923년부터 2008년까지 운영되었던 원래의 양키 스타디움을 대체하기 위해 2009년에 새로운 양키 스타디움을 건설했는데, 1923년에 지어진 과거의 모습과 1976년 리노베이션한 이후의 모습을 바탕으로 전통적인 디자인과 현대적인 편의 시설이 조화를 이루는 현재의 양키 스타디움이 탄생하게 됨
- 입구에 위치한 대형 아치형 로비인 그레이트 홀에서는 뉴욕 양키스의 역사와 전통을 기념하는 전시물을 관람할 수 있고, 경기장 내에는 야구 명예의 전당인 몬멘트 파크, 고급 레스토랑, 스포츠 바, 기념품 가게 등 다양한 편의 시설이 갖춰져 있음

• 양키 스타디움 전경*

6

기타 자료

1. 브로드웨이 뮤지컬

▣ 하나의 거리에 다양한 극장과 그만큼 많은 수의 뮤지컬 및 연극을 펼치는 곳으로 작고 관람객들과 가까운 무대부터 매우 크고 화려한 무대연출까지 볼 수 있음

▣ 영국의 런던 웨스트엔드와 세계 2대 뮤지컬 지역으로 일컬어지며 세계의 수많은 작품들의 꿈의 무대

▣ 브로드웨이 뮤지컬 추천 작품

1) 〈라이언 킹(The Lion King)〉

(1) 개요 및 연혁

- 숙부 스카에게 아버지와 왕위를 잃은 어린 사자 심바의 모험담
- 자신에게 주어진 숙명적인 역할과 의무감을 잘 나타낸 작품
- 1994년 오스카상 수상작인 월트 디즈니의 〈라이언 킹〉을 각색
- 1997년 브로드웨이에서 개막되어 뮤지컬의 새로운 지평을 열었다는 평가를 받음
- 초연부터 화려한 아프리카 분장과 동물을 표현한 미술 세팅 등으로 각광받음

※ 줄리 테이무어(Julie Taymor)
- 연출가이자 인형극 전문가였던 그녀는 15개월간 공을 들인 끝에 뮤지컬의 새로운 지평을 열며 여성 최초로 토니상 연출상을 수상
- 10대를 인도네시아에서 보내며 아시아 연극에 매혹되어 일본인들의 꼭두각시와 인도네시아인이 신전에서 추는 춤을 아프리카 평원의 삶으로 끌어 옴

- 1998년 13개의 토니상에 랭크되었으며 가장 큰 특징으로 영어를 잘하지 못해도 누구나 즐겁게 감상할 수 있음
- 뮤지컬 배우들이 라이언 킹에 나오는 역할에 맡는 분장을 하며 독특한 무대의상과 수 많은 동물 캐릭터 분장도 하나의 볼거리

(2) 주요 사항

- 1999년 3월 런던 라시움 극장(Lyceum Theatre)에서 개막
- 웨스트엔드 역사상 가장 티켓을 구하기 어려웠던 뮤지컬
- 시사회부터 2,000여 석의 좌석을 가득 채웠으며, 개막이 후 첫 2년 동안 120만 명 정도가 관람
- 극장이 어두워지면 객석 뒤쪽에서 장대에 매단 새 인형을 들고 아프리카 민속 복장을 한 배우들이 등장
- 줄리 테이무어와 마이클 커리는 수백 개의 가면을 만들어 냈고, 무대 디자인은 영국인 디자이너 리처드 허드슨이 담당
- 남아프리카 공화국의 작곡가인 레보 엠(Lebo M)이 줄리 테이무어, 마크 맨시나와 함께 아프리카 풍의 리듬과 노래를 창조해냄
- 팀 라이스가 작사한 라이온 킹의 테마곡 〈캔 유 필 더 러브 투나잇(Can You Feel The Love Tonight)〉과 〈서클 오브 라이프(Circle Of Life)〉 등 영화에서 나왔던 5곡의 노래를 뮤지컬 무대에서도 들을 수 있으며 뮤지컬의 새로운 곡인 〈히 리브스 인 유(He Lives In You)〉와 아프리카 스타일의 민속음악들이 선을 보임
- 눈여겨봐야 할 포인트는 동물이나 식물을 의인화해서 만든 가면과 의상들
- 인도네시아 전통극과 일본 전통극의 기술을 빌린 화려한 가면과 인형들의 연출이 마치 동물들이 무대 위에서 살아 움직이는 것 같은 효과를 냄
- 영화와 다른 점은 암사자 날라 역할을 만들어 낸 것과 악당 스카의 캐릭터를 살려 드라마적 요소를 강조했다는 점

• 《라이언 킹(The Lion King)》 공연 장면

(3) 스토리

▣ 심바는 사자가 다른 동물을 통치하는 프라이드 랜드의 왕인 무파사의 유일한 아들임. 어린 심바는 어린 암사자 날라와 놀고 아버지 무파사에게서 자연의 법칙을 배우며 빨리 어른이 되고 싶어 함. 그런데 무파사의 악랄한 동생 스카가 왕좌를 탐해 무파사를 함정에 빠트려 살해하고 심바에게 책임을 돌림. 심바는 프라이드 랜드에서 쫓겨나 도망치게 되고 마음씨 좋은 동물인 티몬과 품바를 만나게 됨. 그들은 심바에게 걱정 없는 삶(Hakuna Matata)를 가르쳐 줌. 몇 년 후 어른 사자로 성장한 심바는 우연히 어릴 적 친구 날라를 만나게 되고, 둘은 사랑에 빠지게 됨. 그녀는 심바에게 스카의 만행을 알려주고, 둘은 친구들과 함께 프라이드 랜드로 돌아가 스카와 맞서 이김으로써 심바는 왕의 자리를 되찾고, 프라이드 랜드는 질서와 평화를 회복함.

2) 〈오페라의 유령(The Phantom of Opera)〉

(1) 개요 및 연혁

- 파리 오페라를 공포에 떨게 한 정체 불명의 추악한 얼굴을 한 괴신사 오페라의 유령에게 사로잡히게 되는 아름다운 가수, 크리스틴 다예를 중심으로 한 이야기
- 프랑스의 추리작가 가스통 르루(Gaston Leroux)가 1910년 발표한 소설을 뮤지컬로 만든 작품
- 1986년 10월 9일 영국 웨스트엔드에서 초연 이후 1만 회 이상의 공연을 달성
- 초연 당시 미국인 감독 해럴드 프린스(Harold Prince)가 연출
- 뮤지컬 계의 황제로 불리는 작곡가 앤드루 로이드 웨버(Andrew Lloyd Webber)와 제작자 캐머런 매킨토시(Cameron Mackintosh)가 1986년 탄생시킴

  ※ 앤드루 로이드 웨버: 뮤지컬 〈지저스 크라이스트 수퍼스타〉, 〈에비타〉, 〈캣츠〉 등의 음악을 작곡
- 1986년 런던 올리버상의 3개 부문에서 수상
- 1988년 브로드웨이 머제스틱 극장 공연에서 20일 만에 예매액 1,700달러라는 대기록
- 2011년 10월 개막 25주년을 기념, 런던의 로열 앨버트 홀에서 공연

(2) 주요 사항

- 고전적 선율에 의지하여 극 전체의 구성을 오페라의 형태로 이끌어가는 오페레타(Operetta) 형식
- 〈오페라의 유령〉 작곡가 웨버의 아내인 사라 브라이트만을 위해 쓰인 뮤지컬, 여주인공 크리스틴 역은 사라 브라이트만에게 돌아감, 이 작품으로 사라 브라이트만은 유명 여배우가 됨
- 팬텀 역과 크리스틴 역의 마이클 크로포드와 사라 브라이트만은 〈오페라의 유령〉을 완벽하게 소화하면서 뮤지컬 계에서 가장 권위 있는 상인 올리비에상과 토니상을 동시에 수상하는 영광을 누림
- 특유의 샹들리에 신이 압권

• 〈오페라의 유령〉 공연 장면

(3) 스토리

- 파리 오페라 극장에서 조연을 맡고 있는 아름다운 크리스틴은 얼굴을 가면으로 가린 괴신사 팬텀에게 노래 지도를 받음. 팬텀은 크리스틴이 주연을 차지하기 원하고, 그가 일으켰을 것으로 추정되는 사고들이 리허설 중 계속 일어나자 프리마돈나가 출연을 거부한다. 그러자 무용 선생과 동료들의 추천으로 무명인 크리스틴이 대역으로 무대에 선다. 공연은 성공적으로 끝나고, 공연을 보던 크리스틴의 소꿉 친구 라울이 그녀를 알아보고 찾아온다. 그러나 공연이 끝나고 팬텀은 크리스틴을 납치해 지하 호수로 데려가 사랑을 갈구한다. 하지만 팬텀의 일그러진 얼굴을 보고 크리스틴은 경악한다. 크리스틴이 돌아온 후 오페라 극장에서는 여러 가지 사고가 일어나고, 라울은 두려워하는 크리스틴을 지켜주겠다고 하며, 둘은 사랑에 빠지게 된다. 그리고 반

년 후 공연 날 팬텀은 오페라의 가수로 분해 크리스틴을 납치하고, 그녀를 구하러 온 라울을 죽이려 한다. 크리스틴은 라울을 구하려, 그리고 울부짖는 팬텀이 가여워 팬텀에게 키스를 하고, 키스를 받고 충격에 빠진 팬텀은 둘을 풀어주고 사라진다.

3) <미스 사이공(Miss Saigon)>

(1) 개요와 연혁

- 베트남 전쟁 속에서 꽃피운 베트남 여인 킴과 미군 장교 크리스의 아름답지만 비극적인 사랑 이야기. 전쟁의 비극 속에 죽음을 택할 수밖에 없는 모성을 그림
- 뮤지컬 〈레 미제라블〉을 만든 클로드 미셸 쇤베르그(Claude-Michel Schönberg)와 알랭 부브릴(Alain Boublil)의 또 다른 작품으로, 푸치니의 오페라 〈나비 부인〉과 흡사한 스토리 라인을 가지고 있음
- 신문을 보던 중 베트남 여인의 절망한 표정과 혼혈인 듯한 여자아이가 호치민 공항에서 이별하는 모습을 담은 사진을 보고 베트남 전쟁을 배경으로 한 〈미스 사이공〉을 제작함
- 1989년 9월 20일 런던 웨스트엔드의 드루리 레인 극장에서 초연된 뮤지컬, 1999년까지 10년 동안 공연.
- 1991년부터 2001년까지 브로드웨이에서도 공연
- 이후 2014년에 웨스트엔드 프린스 에드워드 극장에서 25주년 리바이벌 프로덕션이 다시 올라왔고, 9월 22일 25주년 기념 갈라 공연이 열림

• 〈미스 사이공〉 공연 장면

(2) 주요 사항

- 뮤지컬 넘버들의 작품성과 굉장히 화려한 볼거리 덕분에 호평받음, 특히 유명한 장면은 사이공 함락 장면의 헬리콥터 등장 장면과 엔지니어(포주)가 〈아메리칸 드림〉을 부를 때의 자유의 여신상과 캐딜락 무대 장치는 공연 예술 공간 스케일의 한계를 뛰어넘는 우수한 작품 연출성을 보여 줌
- 웨스트엔드 초연 당시 1년간의 오디션 끝에 킴 역할에 레아 살롱가를 캐스팅
- 서양인의 시각에서 그려진 작품의 내용은 지금도 여전히 많은 논란의 여지를 남기고 있음. 오리엔탈리즘적이고 백인 우월주의적인 시각을 담은 작품임에도 불구하고 4대 뮤지컬의 반열에 오를 수 있었던 것은 드라마를 완벽하게 재현하고 있는 미셸 쇤베르크의 음악의 힘이 큼

(3) 스토리

- 베트남 전쟁에 참전한 미국 군인 크리스는 사이공의 한 클럽에서 전쟁 와중에 부모를 잃고 고아가 된 베트남 소녀 킴을 만난다. 두 사람은 사랑에 빠지고 킴은 부모가 정해준 약혼자인 투이를 뒤로 한 채 크리스와 결혼한다. 하지만 전쟁이 막바지에 치달으며 미군은 다급히 철수를 결정한다. 크리스는

미국으로 떠나고, 킴은 크리스의 아이를 임신한 채로 혼자 남게 된다. 그리고 호치민 정부가 들어선다. 킴은 미군에게 협조했다는 죄로 고난의 나날을 보내며 홀로 크리스의 아이 탬을 키운다.

- 어느 날 월맹군에 협력해 출세한 투이가 킴을 찾아와 탬을 죽이겠다고 협박한다. 킴은 투이를 죽이고 방콕으로 탈출한다.
- 한편 킴이 죽은 줄로 알고 있던 크리스는 친구의 도움으로 아내와 함께 방콕으로 오게 되고, 킴과 재회한다. 킴은 탬을 데려가 달라고 요구하지만 크리스의 아내는 그것을 거절하고 양육비만을 원조하고 싶어 한다. 킴은 아이를 미국으로 보내기 위해서 권총으로 자살한다.

4) <캣츠(Cats)>

(1) 개요와 연혁

- 앤드루 로이드 웨버가 T.S 앨리엇의 시집인 《지혜로운 고양이가 되기 위한 지침서》를 뮤지컬로 구상하기 시작함
- 카메론 매킨토시가 구상에 합류하여 1981년 뮤지컬 캣츠가 탄생하였으며 웅장한 이야기, 신선학 캐릭터들로 세계 4대 뮤지컬이란 말을 탄생시킴
- 앤드루 로이드 웨버가 작곡한 음악 중 고양이 그리자벨라가 부르는 〈메모리(Memory)〉가 가장 인기가 많으며 이 음악은 100여 명이 넘는 가수들이 리메이크하여 더욱 유명해짐
- 1981년 뉴 런던 시어터에서 초연한 당시 올해의 뮤지컬 상을 받았으며 대중성과 작품성을 입증함
- 2002년 5월 11일까지 21년 동안 8,950회를 공연하며 웨스트엔드에서 가장 오래 공연한 뮤지컬 기록을 가지고 있음
- 브로드웨이에서도 성공을 했으며 1982년 브로드웨이에서 개막한 이후 최우수 작품상, 연출상 등 7개 부문을 휩쓸고 토니상을 받음
- 브로드웨이에서도 1997년부터 10년간 최장기 공연 기록을 가짐

(2) 주요 사항

- '레뷔'라는 특별한 형식을 가지고 있으며 하나의 스토리 라인 대신 하나의 주제를 가지고 다양한 옴니버스 형식을 나타냄
- 나라와 공연 시기에 따라 연출이 조금씩 변하기 때문에 등장하는 고양이의 수나 종류 안무가 다른 경우가 많음
- 무대에는 총 36마리의 고양이가 있으며 이 중 이름이 있는 고양이는 30마리가 있고 1980년대 공연 초창기부터 배우가 스스로 고양이 분장을하는 전통이 있음

(3) 스토리

- '고양이는 아홉 번의 생명을 얻는다'는 전설에 기초하여 만들어졌으며 하늘나라의 선지자 고양이 '듀터라노미'가 내려와 한 고양이를 선택해 하늘나라로 올라가 새로운 삶을 갖게 된다는 내용으로 큰 스토리를 하나로 다양한 고양이들인 배우 고양이, 범죄자 고양이, 상류층 고양이 등 다양한 고양이들이 행복에 대하여 노래하며 선택의 순간 '그리자벨라'의 노래를 통하여 그녀가 선택돼 '듀터라노미'가 그리자벨라를 천상의 세계로 인도한다.

• 뮤지컬 〈캣츠〉 공연 장면

2. 세계 주요 도시별 면적·인구 현황(2023년 기준)

도시	면적(km²)	인구(명)	인구밀도(명/km²)
뉴욕	789.4	8,258,035	10,461
런던	1,579	8,982,256	5,689
파리	105.4	2,102,650	19,949
도쿄	2,194	13,988,129	6,376
베를린	891	3,769,495	4,231
함부르크	755	1,910,160	2,530
서울	605.2	9,919,900	16,397
암스테르담	219.3	821,752	3,747
로테르담	319.4	655,468	2,052
샌프란시스코	121.5	808,437	6,654
밀라노	181.8	1,371,498	7,544
베네치아	414.6	258,051	622

3. 세계 초고층 빌딩 현황

순위	건물 명칭	도시	국가	높이(m)	층수	착공	완공(예정)	상태
1	부르즈 칼리파	두바이	사우디 아라비아	828	163	2004	2010	완공
2	메르데카 118	쿠알라 룸푸르	말레이시아	680	118	2014	2023	완공
3	상하이 타워	상하이	중국	632	128	2009	2015	완공
4	메카 로얄 시계탑	메카	사우디 아라비아	601	120	2002	2012	완공
5	핑안 금융 센터	심천	중국	599	115	2010	2017	완공

순위	건물 명칭	도시	국가	높이 (m)	층수	착공	완공 (예정)	상태
6	버즈 빙하티 제이콥 앤 코 레지던스	두바이	사우디 아라비아	595	105		2026	건설중
7	롯데월드타워	서울	한국	556	123	2009	2016	완공
8	원 월드 트레이드 센터	뉴욕	미국	541	94	2006	2014	완공
9	광저우 CTF 파이낸스 센터	광저우	중국	530	111	2010	2016	완공
10	톈진 CTF 파이낸스 센터	톈진	중국	530	97	2013	2019	완공
11	CITIC 타워	베이징	중국	527	109	2013	2018	완공
12	식스 센스 레지던스	두바이	사우디 아라비아	517	125	2024	2028	건설중
13	타이베이 101	타이베이	중국	508	101	1999	2004	완공
14	중국 국제 실크로드 센터	시안	중국	498	101	2017	2019	완공
15	상하이 세계 금융 센터	상하이	중국	492	101	1997	2008	완공
16	텐푸 센터	청두	중국	488	95	2022	2026	건설중
17	리자오 센터	리자오	중국	485	94	2023	2028	건설중
18	국제상업센터	홍콩	중국	484	108	2002	2010	완공
19	노스 번드 타워	상하이	중국	480	97	2023	2030	건설중
20	우한 그린랜드 센터	우한	중국	475	101	2012	2023	완공
21	토레 라이즈	몬테레이	멕시코	475	88	2023	2026	건설중
22	우한 CTF 파이낸스 센터	우한	중국	475	84	2022	2029	건설중
23	센트럴파크 타워	뉴욕	미국	472	98	2014	2020	완공
24	라크타 센터	세인트 피터스버그	러시아	462	87	2012	2019	완공
25	빈컴 랜드마크 81	호치민	베트남	461	81	2015	2018	완공

4. 뉴욕 초고층 빌딩 20위

순위	이름	높이m(ft)	층수	개장(년)	설명
1	원 월드 트레이드 센터 (One World Trade Center)	541 (1,776)	104	2014	- 미국에서 가장 높은 건물 - 구 세계 무역 센터가 위치해 있었던 자리에 재건한 건물. - 약칭은 1WTC로 현재 세계에서 4위로 높은 건물
2	432파크 애비뉴 (432 Park Avenue)	426 (1,396)	96	2015	- 초고층 주상복합 아파트 건물 - 미국에서 세 번째로 높은 빌딩 - 세계에서 가장 높은 아파트
3	엠파이어 스테이트 빌딩 (Empire State Building)	381 (1,250)	102	1931	- 세계에서30위, 미국에서 5위로 높은 건물 - 1931년부터 1972년까지 세계 최고층 건물이었으며 이 빌딩의 마천루군은 20세기 전반 뉴욕의 비즈니스 기능의 집중을 단적으로 대변해 주는 상징
4	뱅크 오브 아메리카 타워 (Bank of America Tower)	366 (1,200)	55	2009	- 세계에서 38위 - 미국에서 6위로 높은 건물 - BOA의 뉴욕시 사옥으로 건설된 마천루 - 약칭은 BOA 타워 - 친환경적 건물 얼음을 이용한 냉방 시스템
5	스리 월드 트레이드 센터 (Three World Trade Center)	327 (1,079)	80	2018 (예정)	- 현재 구 세계 무역 센터 부지에 건설중인 신세계 무역 센터의 세 번째 마천루 - 세계무역센터 재건 사업의 일환으로 건설중이며 사무용 오피스 타워로 건설됨
6	크라이슬러 빌딩 (Chrysler Building)	320 (1,050)	77	1930	- 뉴욕시를 대표하는 건물 중 하나 - 엠파이어 스테이트 빌딩 건설 전까지 세계에서 제일 높은 빌딩이었음 - 벽돌 건물로는 여전히 세계기록을 보유하고 있으며 아르데코 양식의 좋은 예
7	뉴욕 타임스 빌딩 (The New York Times Building)	320 (1,050)	52	2007	- 뉴욕 타임스 타워라고도 하며 - 약칭은 NYT 빌딩 - 〈뉴욕 타임스〉를 발행하는 뉴욕 타임스 컴퍼니와 포레스트 시티 엔터프라이즈의 소유 건물
8	원57	306 (1,004)	75	2014	- 예전 이름은 카네기 57(Carnegie 57) - 뉴욕 주거용 아파트와 호텔이 혼합된 건물로 제일 높은 빌딩

순위	이름	높이m(ft)	층수	개장(년)	설명
9	포 월드 트레이드 센터 (Four World Trade Center)	298 (978)	74	2013	- 구 세계 무역 센터 부지에 재건된 신세계 무역 센터의 4번 타워 건물 - 2006년 개장한 7 세계무역센터(7 World Trade Center)에 이어 신세계 무역 센터에서 두 번째로 개장한 마천루 - 전망대와 지하몰을 제외한 대부분의 층이 사무용 오피스로 사용됨
10	70파인 스트리트 (70 Pine Street)	290 (952)	66	1932	- 뉴욕 로어 맨해튼의 초고층 빌딩 - 예전 이름은 American International Building - 1970년 세계 무역 센터가 완성될 때까지 맨해튼 다운타운에서 가장 높은 건축물
11	30 Park Place (Four Seasons Hotel NewYork Down town)	286 (937)	82	2016	- 뉴욕 맨해튼 다운타운 중심가에 위치한 포시즌스 호텔
12	40월 스트리트 (40 Wall Street)	283 (927)	70	1930	- 뉴욕 시를 대표하는 건물 중 하나로 트럼프 빌딩으로도 불림 - 꼭대기의 파란색 탑이 인상적
13	시티그룹 센터 (Citigroup Center)	279 (915)	59	1977	- 예전 이름은 시티코프 센터(Citicorp Center) - 현재 601 렉싱턴 애비뉴(Lexington Avenue)로도 불림 - 렉싱턴 애비뉴와 3번 애비뉴 사이에 위치한 마천루
14	10허드슨 야드 (10 Hudson Yards)	273 (895)	52	2016	- 사우스 타워(South Tower) 또는 타워 c(Tower C)로도 불림 - 맨해튼 허드슨 강변을 끼고 대규모 주택 단지와 공원이 조성되는 '허드슨야드 개발 프로젝트'의 일환
15	8스프루스 스트리트 (8 Spruce Street)	265 (870)	76	2011	- 비크먼 타워(Beekman Tower) 혹은 뉴욕 바이 게리(New York by Gehry)라는 이름으로도 불림. - 세계적으로 유명한 건축가 프랭크 게리가 설계한 독특한 디자인의 마천루
16	트럼프 월드 타워 (Trump World Tower)	262 (861)	72	2001	- 뉴욕에서 세 번째로 높은 주거용 빌딩 - 최고급 아파트

순위	이름	높이m(ft)	층수	개장(년)	설명
17	록펠러 센터 (30 Rockefeller Plaza)	260 (850)	70	1933	- 맨해튼 5번가와 6번가 사이에 있는 초고층 건물 등 여러 건물로 구성된 복합 시설 - 1987년 미국 역사기념물로 선언됨.
18	56레오나드 스트리트 (56 Leonard Street)	250 (821)	57	2016	- 맨해튼 트라이베카 지역에 스위스 건축회사 헤르초드 앤드 드 뫼롱(Herzog & de Meuron)이 건축한 주거공간 - 통유리인 건물 사면과 '젠가'에서 영향을 받아 층마다 블록을 엇비슷하게 쌓아 올린 외형이 특징
19	시티스파이어 센터 (CitiSpire Center)	248 (814)	75	1987	- 56번가 6번 애비뉴와 7번 애비뉴 사이 위치한 마천루 - 뉴욕의 부동산 업체 티시만 스파이어사 소유 건물
20	28리버티 스트리트 (28 Liberty Street)	248 (814)	60	1961	- 예전 이름은 One Chase Manhattan Plaza - 맨해튼 파이낸셜 디스트릭트에 위치한 마천루 - 고급 오피스건물 - 현재 중국 기업 포선(Fosun)이 소유

5. 세계 주요 도시의 공원

번호	도시, 국가	공원 이름	면적(km^2)	설립 연도
1	런던, 영국	리치먼드 공원(Richmond Park)	9.55	1625
2	파리, 프랑스	부아 드 불로뉴(Bois de Boulogne)	8.45	1855
3	더블린, 아일랜드	피닉스 공원(Phoenix Park)	7.07	1662
4	멕시코시티, 멕시코	차풀테펙 공원(Bosque de Chapultepec)	6.86	1863
5	샌디에이고, 미국	발보아 파크(Balboa Park)	4.9	1868
6	샌프란시스코, 미국	골든게이트 공원(Golden Gate Park)	4.12	1871
7	밴쿠버, 캐나다	스탠리 파크(Stanley Park)	4.05	1888
8	뮌헨, 독일	엥글리셔 가르텐(Englischer Garten)	3.70	1789
9	베를린, 독일	템펠호퍼 펠트(Tempelhofer feld)	3.55	2010
10	뉴욕, 미국	센트럴 파크(Central Park)	3.41	1857
11	베를린, 독일	티어가르텐(Tiergarten)	2.10	1527
12	로테르담, 네덜란드	크랄링세 보스(Kralingse Bos)	2.00	1773
13	런던, 영국	하이드 파크(Hyde Park)	1.42	1637
14	방콕, 태국	룸피니 공원(Lumpini Park)	0.57	1925
15	글래스고, 영국	글래스고 그린 공원(Glasgow Green)	0.55	15세기
16	도쿄, 일본	우에노 공원(Ueno Park)	0.53	1924
17	암스테르담, 네덜란드	폰덜 파크(Vondel park)	0.45	1865
18	함부르크, 독일	플란텐 운 블로멘(Planten un Blomen)	0.47	1930
19	로테르담, 네덜란드	헷 파크(Het Park)	0.28	1852
20	도쿄, 일본	하마리큐 공원(Hamarikyu Gardens)	0.25	1946
21	에든버러, 영국	미도우 공원(The Meadows)	0.25	1700년대
22	바르셀로나, 스페인	구엘 공원(Park Güell)	0.17	1926
23	밀라노, 이탈리아	몬타넬리 공공 공원 (Giardini pubblici Indro Montanelli)	0.17	1784
24	파리, 프랑스	베르시 공원(Parc de Bercy)	0.14	1995
25	서울, 한국	여의도 공원(Yeouido Park)	0.23	1972
26	서울, 한국	서울숲(Seoul Forest)	0.12	2005

7

참고 문헌 및 자료

김기호(2001), 도시개발의 새로운 접근 1: 배터리 파크시티 (Battery ParkCity)의 경험과 교훈
김기호, 김대성(2002), 대규모 도시개발사업의 전략과 기업에 관한 연구 - 뉴욕 배터리 파크 시티와 런던 도크랜드 개발 사례를 중심으로
이승우, CERIK Journal(2014.04), 뉴욕의 도시재생 사례와 그 시사점
서울대학교 산학협력단(2010.05), 해외도시재생시스템
김지엽, 커즈 포터, 정희윤 (2014). 뉴욕시 상업지역 조닝의 특성과 시사점. 한국도시설계학회지 도시설계, 15(6), 141~155.
한국은행 지역협력실(2016.08), 해외지역발전정책사례집(2016.08)
이승우, 허윤경(2014.02), 뉴욕시 도시재생사업 사례 분석과 시사점. 건설이슈 포커스
Battery Park City Authority(2000) , Financial Statements and Supplemental 1nformation, New York: BPCA
Brooklyn Navy Yard Development Corporation(2014), Professional Services For Marketing And Promotions For A New Exhibit At The Brooklyn Navy Yard Center At Bldg 92
Center for an Urban Future(2015.06), Creative New York
Chrisopher Silver. The Racial Origins of
Cultivating Development: Trends And Opportunities At The Intersection Of Food And Real Estate(2010), Chelsea Market, An original "next-generation urban market" continues to evolve and inspire
John Shearman. Only Connect Art and the Spectator in the Italian Renaissance. Princeton University Press
Randy Shaw. Generation priced Out. University of California Press
Richard Senett. Building and Dwelling. Farrar, Straus and Giroux
Cushman & Wakefield Research Special Report(2014), Urban Development Faster Greener Commutes Key to Sustained City Growth
Daniel B. Kohlhepp(2012.04), The Real Estate Development Matrix
Gordon. (1997). PARB(pemanent Architectural Review Board)
High Performing Buildings Spring(2010), Empire State Building Case Study
Hines New York(2017.08), New York Real Estate Overview Materials
John Shearman(1998). Only Connect Art and the Spectator In The Italian Renaissance. The A.W. Mellon Lectures In The Fine Arts
New York City Department Of City Planning(2005), Socio economic Characteristics by Race/Hispanic Origin and Ancestry Group
New York City Department of Housing Preservation and Development (2012), Housing New York: A Five-Borough, Ten-Year Plan
New York City Landmarks Preservation Commission(2007.12), Dumbo Historic District Designation Report
NYC Planning(2016.07), Employment Patterns in New York City Trends In A Growing Economy
NYC. The High Line: New York City's Park in the Sky
PWC(2017), Emerging Trends in Real Estate, United States and Canada
Randy Shaw. Generation Priced Out Who Gets To Live In The New Urban America

Real Estate Weeekly(2014.10), Excitement Building Over Westfield World Trade Center Retail Lineup
Richard Sennett(2018), Ethics for the city Building and Dwelling. FARRAR, STATUS AND GIROUX NEW YORK
RIOC(2008), Roosevelt Island, Manhattan's Other Island
The Mori Memorial Foundation, "Planning-Oriented"Urban Development by the New York City: Challenges for Regenerating Tokyo
The Newman Real Estate Institute(2012), The MoMA Complex's Tower Verre, A Reflection on the Project's Approval Process
The RBA Group, Brooklyn Waterfront Green Way Implemen Tation Plan
The World Bank(2016.11), New York City Transforming a City into a Tech Innovation Leader
Thomas Geffner.(2017). Land Use Zoning in America: The Case for Inclusionary Policy
USURRP(2009), Urban Revitalization in the Inotred States: Private, Public & Commnity-led Projects
Water Street Design Group(2016), Sustainable Mixed-Use T Ower In The Heart Of Dumbo
http://nyc.gov/html/dcp/pdf/hyards/zoning_text_011905.pdf
http://uli.org/
http://newlab.com/about/vision/
http://rebusinessonline.com/
http://streeteasy.com/building/53w53-condominium
http://www.brownstoner.com/sponsored/brooklyn-real-estate-51-jay-street-dumbo/
http://www.businessplus.kr/
http://www.hudsonyardsnewyork.com/about/the-story/
http://www.hydc.org/
http://www.realestatedeveloper.com/famous-commercial-developers/
http://www.som.com/projects
http://www1.nyc.gov/site/planning/
https://esa.un.org/unpd/wup/
https://revaluate.com/blog/new-yorks-most-expensive-아파트s-past-present-and-future/
https://www.ierek.com/events/urban-regeneration-sustainability-2#conferencetopics
https://www.nycedc.com/project/essex-crossing-development-seward-park
https://www.silversteinproperties.com/
www.bpcparks.org
www.hudsonyards.com
www.onewtc.com
www.911memorial.org
www.thehighline.org
www.nytimes.com
www.cityreality.com
www.skyscraper.com
www.centralparknyc.org

rioc.ny.gov
brooklynnavyyard.org
dumbo.is
chelseamarket.com
www.esbnyc.com
56leonardtribeca.com
www.53w53.com
www.rockefellercenter.com
www.one57.com
www.show-score.com
www.broadway.com
www.one57.com
www.trump.com
www.onevanderbilt.com
www.432parkavenue.com
www.lincolncenter.org
www.samsung.com 〉 explore 〉 837
www.centralparknyc.org
bryantpark.org
www.guggenheim.org
www.metmuseum.org
www.whitney.org
www.timessquarenyc.org
www.broadway.com
www.un.org
wall-street.com
www.brooklynbridgepark.org
www.hoteltheplaza.com
www.nycgo.com
www.nyu.edu
www.columbia.edu
saintpatrickscathedral.org
www.msg.com
www.grandcentralterminal.com
www.nypl.org
www.carnegiehall.org
www.frick.org
www.idsc.kr
www.posterhouse.org

en.wikipedia.org
https://111w57.com/design/
https://en.wikipedia.org/wiki/111_West_57th_Street
https://centralparktower.com/tower#architecture
https://en.wikipedia.org/wiki/Central_Park_Tower
https://www.archdaily.com/794950/via-57-west-big
https://en.wikipedia.org/wiki/VIA_57_West
https://onemanhattansquare.com/residences/
https://en.wikipedia.org/wiki/One_Manhattan_Square
https://www.jean-georges.com/restaurants/united-states/new-york/tin-building
https://www.naiop.org/research-and-publications/magazine/2022/winter-2022/development-ownership/the-tin-building-a-fish-market-morphs-into-a-dining-destination/
https://www.tinbuilding.com/
https://en.wikipedia.org/wiki/8_Spruce_Street
https://www.live8spruce.com/
https://en.wikipedia.org/wiki/8_Spruce_Street
https://www.live8spruce.com/
https://www.mvrdv.com/projects/353/radio-hotel-and-tower
https://www.mvrdv.com/projects/353/radio-hotel-and-tower
https://en.wikipedia.org/wiki/Cornell_Tech
https://tech.cornell.edu/jacobs-technion-cornell-institute/
https://www.newyork.kr/little-island-in-new-york/
https://www.dominopark.com/artifacts/
https://en.wikipedia.org/wiki/Domino_Park
https://www.themuseumofbroadway.com/
https://en.wikipedia.org/wiki/Museum_of_Broadway
https://arquitecturaviva.com/works/prada-epicenter-10
https://brunch.co.kr/@gosisain/22
https://www.prada.com/ww/en/pradasphere/places/epicenter-new-york.html#
https://www.moma.org/about/mission-statement/
https://en.wikipedia.org/wiki/Museum_of_Modern_Art
https://en.wikipedia.org/wiki/Cooper_Union
https://ko.wikipedia.org/wiki/%EC%BF%A0%ED%8D%B-C_%EC%9C%A0%EB%8B%88%EC%96%B8
https://cooper.edu/art/about
https://theseaport.nyc/explore/discover/south-street-seaport-museum/
https://seahistory.org/museums-sites/south-street-seaport-museum/
https://southstreetseaportmuseum.org/about-the-collection/
https://en.wikipedia.org/wiki/Citi_Field

https://en.wikipedia.org/wiki/Yankee_Stadium
https://whitney.org/
https://en.wikipedia.org/wiki/Whitney_Museum
https://en.wikipedia.org/wiki/Edward_Hopper
https://en.wikipedia.org/wiki/Harlem_Renaissance
https://en.wikipedia.org/wiki/Harlem
https://ko.wikipedia.org/wiki/%ED%95%A0%EB%A0%98
https://en.wikipedia.org/wiki/Harlem_Renaissance
https://en.wikipedia.org/wiki/Harlem
https://ko.wikipedia.org/wiki/%ED%95%A0%EB%A0%98